U0256117

精简护肤生活

[加] 珍妮弗·布罗德 著
（Jennifer Brodeur）

李泓淼 译

La peau et ses secrets
la comprendre, la protéger

好 生 活 造 就 好 皮 肤

中信出版集团 | 北京

图书在版编目（CIP）数据

精简护肤生活：好生活造就好皮肤 /（加）珍妮弗·布罗德著；李泓淼译. -- 北京：中信出版社，2022.10

ISBN 978-7-5217-4785-0

Ⅰ. ①精… Ⅱ. ①珍… ②李… Ⅲ. ①皮肤－护理 Ⅳ. ① TS974.11

中国版本图书馆 CIP 数据核字（2022）第 173338 号

Originally published in French(Canada)
Original title: *La peau et ses secrets : la comprendre, la protéger*

Current Chinese translation rights arranged through Divas International, Paris
巴黎迪法国际版权代理
(www.divas-books.com)

精简护肤生活：好生活造就好皮肤
著者： ［加］珍妮弗·布罗德
译者： 李泓淼
出版发行：中信出版集团股份有限公司
（北京市朝阳区惠新东街甲 4 号富盛大厦 2 座 邮编 100029）
承印者： 河北赛文印刷有限公司

开本：720mm×970mm 1/16 印张：10.75 字数：130 千字
版次：2022 年 10 月第 1 版 印次：2022 年 10 月第 1 次印刷
京权图字：01–2022–5081 书号：ISBN 978–7–5217–4785–0
定价：69.00 元

服务热线：400–600–8099
投稿邮箱：author@citicpub.com

致我的女儿们——

安德莉亚、丽贝卡、艾瑞卡

衰老是一种特权，并不是每个人都有机会变老。

美没有年龄限制。总会有人对你们指手画脚，

你们不必理会，做对自己有益的事。只需记得，

衰老值得我们报之以歌。

序言

面对一扇从未跨越的门，我深吸了一口气，闭上眼睛十一秒的时间，走进自己的内心世界，随后我打开了那扇门。一阵花香袭来，我想那应该是白花的香气，花香充满我的鼻腔，我的内心也随之平静了下来。我刚刚进入了一个神秘的世界，迎接我的是一束纯洁的牡丹和住在里面的“魔法师”——珍妮弗·布罗德。

这位女性温柔又充满活力，举止庄重又不失纯真的朝气，她用最美丽的微笑迎接了我。她的眼睛里始终充满着真诚，每当我的思绪飘向别处，她的眼神总能立刻使我平静下来。

可以说，我在人生最为艰难的时期遇到了这位奇迹的创造者。两个月前，我接受了双侧乳房切除术，那时我正在经历第二次化疗。四十七岁那年，我患上了乳腺癌。

在第一次温柔的会面中，她花费了很长时间，温柔地检查了我的皮肤和伤疤。我沉浸在这温柔之中。她向我介绍了自己如何精心设计这些牡丹精油和乳霜，并介绍我认识了麦克斯，从我做护理之初就成了我人生中的一道阳光，陪伴在我左右。她在我赤裸的胸前护理我的伤疤，仿佛要将那伤疤变成一条细细的金线。她还让我

那因化疗而变得千疮百孔的面部和颈部皮肤焕然一新。我感觉自己仿佛重获新生！

众所周知，每个人都是独一无二的个体。每个人的皮肤各有特点。人们常说“眼睛是心灵的窗户”。这层包裹在我们身体之外、具有防护和感知功能的皮肤，反映着人体的健康状态——身体健康和心理健康。在清香的颈间留下的一吻，让皮肤为之一颤的一句话，饱含深情的抚摸……皮肤在整体上反映着我们的情绪和健康。

就像指挥家能读懂乐曲那样，珍妮弗能够读懂每个人的皮肤。她知道如何释放人类身体中最美的光芒。

当我从珍妮弗的世界中走出时，我的皮肤更加滋润、光彩熠熠，同时我的心灵也得到了抚慰。

很多时候皮肤并没有得到正确的护理，如果有人能够就此写一本书，那这个人非珍妮弗莫属。她怀着对皮肤的敬畏之心，已经潜心钻研了二十余年。我也怀着同样的敬畏之情，向珍妮弗道一声感谢。你是为我创造奇迹的“魔法师”。

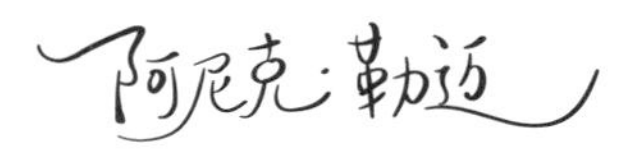

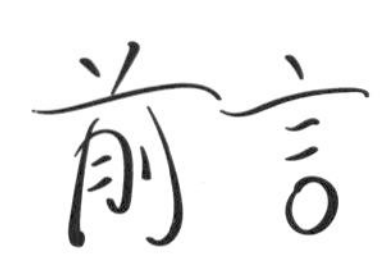

前言

我曾听有些人说："什么？《精简护肤生活》？又是一本美容书吗？生活方式和美容有什么关系！"我要再一次向大家强调，与其说这是一本皮肤美容书，不如说是一本皮肤健康书。"等等，美容就是变漂亮，不是吗？"按照字典里的解释，是的。但在我的诊室里，一旦关上门，只剩我和患者面对面时，答案就改变了。此时需要解决的问题涉及舒适、自信和平衡。于我而言，美容在于掌握人体的运行规律，由此对人体表皮做出入木三分的分析，提出整体的解决策略。美学并不等于美容。

20 世纪 90 年代中期，我还是一个年轻的学生，就已经提出了这个关于美容学的稚嫩见解。当时，同学们的梦想是成为明星的化妆师，而我渴望的是成为一名生物老师，教授人体系统和美容学知识。我想了解隐藏在皮肤之下的各种人体机制。不用说你们也能想象到，我当时经受了多少异样的眼光。

我在舍布鲁克大学修读了理科教育专业，毕业后，在凡尔登职业培训中心任教多年。随后，我全身心投入教育事业中，为该校初中二年级和三年级的学生开设了四个教学模块的美容选修课。在给学生们上第一堂课时，我都会郑重声明：如果你们来到这里是为了学习化妆技巧，那你们就来错了地方！我当时设立了一个宏大的目标：借鉴别处尤其是欧洲的经验，建立一所三年制普通职业教育学校。既然学习管理学能够获得大专教育文凭，那么学习美容学为什么不行呢？

为什么要向大家讲述这段经历？因为我认为这样能让大家了解我的追求，那就是将美容学从现有地位提升到一个更高的层次。

2000 年初，我开始自己创业，在此期间我极其有幸地结识了很多才华横溢的同人，以及给予我无私帮助和启发的各界权威，其中包括皮肤科医生、肿瘤学家、研究员、科学家、美容师等。我学习了有关护理技术、皮肤原理和饮食方面的知识，在向这些权威人士学习的过程中，我重新开始思考美容学的构想和实践方法。

我成为教师的理想并没有就此消逝。通过“名家课堂”这个平台，我将自己的知识分享给他人，其中主要涉及微生物群的美容肿瘤学和成分分析（面霜活性成分分析）。在加拿大魁北克省，那些护肤品销售人员通常只是一味宣扬自己的品牌，却并不了解产品中的活性成分。他们只介绍跨国品牌，却并没有掌握能让自己深入审视美容学的理论基础。当我们走进一家药妆店或美容沙龙时，听到的只有销售团队针对女性弱点设计的推销话语。

这本书并不是为美容从业人员创作的专业书籍，而是为你们写的。我想通过这本书为你们揭开某些操作的神秘面纱，纠正一些错误观念，从而让这本书成为一个参考工具。

有一种广为流传的错误理念是：每个部分的皮肤都有特定的护理方法，换句话说，解决不同皮肤问题需要不同方法，而且护肤品用得越多，皮肤就会越好。每当有新顾客到来，他们总想每种产品都买一点。我却对他们说：“在这里你们不需要购买任何产品。”对我来说，在没有做皮肤检查、不了解顾客本人的情况下，绝不会随

便将产品推销出去。

首先，我需要了解顾客的出生地，如果顾客在青年时期所处的地方全年日照充足，那么很可能就多次晒伤，这会伤及毛细血管。其次，了解家族病史，如果顾客家族有雀斑基因，就更易晒伤。再者，了解顾客使用的所有护肤产品（包括洗发水）和正在服用的药物（有些药物会使人对光线敏感，有些会使皮肤内部干燥）。最后，要全面了解顾客的生活方式，如睡眠好不好，几点睡，几点吃饭，喝多少水等。

掌握了这些信息，再结合在皮肤检查中观察到的情况，我会建立一份表皮护理计划。这份计划为期六个月，是我和顾客之间签订的一份合同，其中介绍了我会做什么，顾客需要做什么，以及顾客需要在生活方式上做出什么改变。对于每一位顾客，计划的第一步几乎都是精简护肤品，简化护理步骤。我让顾客多喝水，每晚睡七到八小时，做运动，循序渐进地使用面霜。

这种精简护肤法的基础在于我确信皮肤能够自我修复。因此，我们要了解皮肤，停下来想一想皮肤为什么会有这样或那样的反应（斑点、干燥、痤疮），并尊重皮肤。一些女性过去几年尝试了一种又一种护肤法，浴室像药妆店一样堆满了各种护肤品，她们想找到能解决自己皮肤问题的灵丹妙药，但总是失望而归。就像我之前说的，使用过多护肤品不能解决任何问题，只会让你陷入死循环之中。皮肤本身就吸收不了这么多的护肤品，过量使用反而会使皮肤面临化学品不耐受的风险。我经常对女性朋友们说“少即多”，并不断向她们重申这一观点。几周之后，我看到了她们的改变，不施粉黛的脸上笑容洋溢，她们身上多了一股全新的自信，对自己的皮肤充满骄傲。

这就是我想传达的信息。我并不是生来就了解这些知识，本书中记录的都是我在二十余年间通过实践、授课、讲座、研究和交流积累的珍贵成果。我衷心希望你在读完这本书后，有所收获，做出更好的护肤决策，并对影响皮肤状态的因素有更好的认知。我们的皮肤一直在向我们传达信息，我们要学会倾听皮肤的诉求。希望这本书能帮你发现皮肤的秘密以及更好地护理皮肤。把皮肤变成自己的朋友，它会永远忠于你。

祝你阅读愉快！

珍妮弗·布罗德

皮肤是我们身体上最大、最重的器官，它覆盖的面积加起来约有两平方米，总重可达三四千克。皮肤包裹着我们的身体，充当着人体的第一道“防线”，阻挡细菌和病毒入侵，也为我们抵挡外部环境如风吹和日晒的伤害。皮肤还负责调节人体的温度。除此之外，它感觉灵敏，能感受疼痛，并持续产生新细胞以替代旧细胞。

皮肤的状态在极大程度上影响着个人的自尊，同时反映了我们的情感和心理健康。

总而言之，这是一个神奇的器官，请你与我一同探索它的奇妙之处。

皮肤结构

你翻开了这本书，就说明你对皮肤很感兴趣。你也一定知道皮肤实际上分为三层，这三层的结构截然不同，现在我们就来一探究竟。

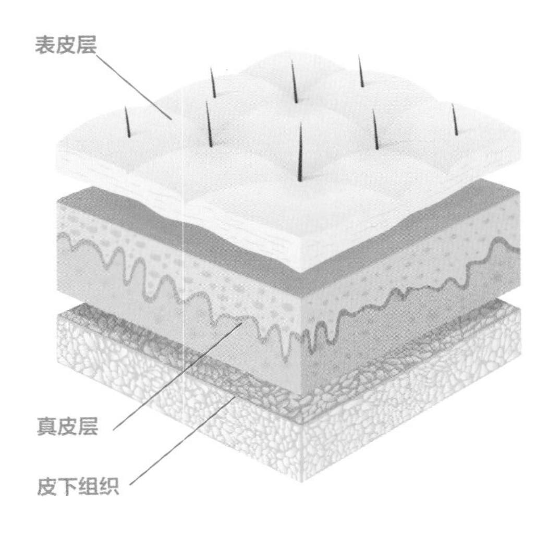

表面的一层皮肤，也就是我们能看到的那一层（是经常给我们带来困扰的源头），称为**表皮层**。表皮层由角质细胞构成，这些角质细胞在外界和我们的身体之间竖起了一面“防护盾”。表皮基底层产生的角质形成细胞，逐渐向外层迁移并发生一系列的变化，这个转变的过程称为角化。随着时间的推移，新生细胞会将扁平并失去细胞核的老化细胞向外推，老化细胞处于营养供应末端，最终将会死去，变成角质细胞。角

细胞循环的一整个周期为三十天左右。

质细胞聚集在一起，就形成了一层坚实的角质。角质细胞会逐渐脱落，这就是脱皮现象。细胞循环的一整个周期为三十天左右。

黑色素沉着也发生在表皮层，这一现象决定了我们的肤色。

表皮层之下是皮肤最厚的一层结构——**真皮层**。这层组织富含胶原蛋白和弹性蛋白，它们是维持皮肤弹性和韧性的基础。这些蛋白纤维断裂时就形成了皱纹。真皮层中血管密布，为细胞提供养分。

毛囊和汗腺也位于真皮层（毛发会从真皮层延伸到表皮层）。真皮层通过分泌汗液参与人体温度的调节。

此外，真皮层还包含皮脂腺，皮脂腺分泌皮脂，可预防干燥，润滑肌肤，杀死细菌。皮脂能使皮肤柔软光滑，不受外界侵害。但当皮脂分泌过多时，皮肤上就会出现脓疱。

真皮层中还分布着众多感受器，这些感受器能感知皮肤受到的压力、触碰和冷热刺激，并向大脑发送感觉信号。

真皮层之下为**皮下组织**。这是最深的一层，大部分的脂肪细胞都位于皮下组织。神经纤维遍布于皮下组织，由血管供应养分。

皮下组织不但负责贮存能量，还充当着“防护垫”的角色，将皮肤与身体内部器官上的纤维膜、肌肉、骨骼分隔开来。

激素与皮肤

你的皮肤和之前相比是变得更油还是更干了？皮肤是否失去了弹性？激素的波动或许是这一切的罪魁祸首。事实上，激素失调会引发各种皮肤问题。

在大众的认知中，只有女性和青少年才会出现激素变化。这种认识是不全面的。人不论年龄和性别，都会经历激素的波动，女性和青少年只是更容易出现这种情况而已。在正确认识这种失调现象后，我们才能更好地了解它以何种形式影响我们的皮肤。以下几种激素对我们的皮肤状态有着至关重要的影响。

两种甲状腺激素

三碘甲腺原氨酸（T3）和甲状腺素（T4）是由甲状腺分泌的两种激素，甲状腺是内分泌系统的一部分。这两种激素会影响代谢、体温、血液、心脏和神经系统，这些方面的波动都会在皮肤上表现出来。

如果甲状腺激素分泌过少，皮肤就会变得干燥、冰凉和苍白。而当一个人皮肤干燥时，就更容易出现炎症和湿疹。

与之相反，如果这两种激素分泌过多，或甲状腺功能亢进，皮肤就会变得温热、潮湿，甚至出现病变。

雌激素

虽然名称如此，但男性体内也分泌雌激素，只是数量极少。雌激素不仅在我们的生殖系统中扮演着至关重要的角色，还能够保护骨骼。

随着年龄增长，雌激素的分泌会减少。四十岁以上女性的皮肤会出现凹陷和干燥现象，主要就是由于雌激素分泌减少引起的。

皮脂腺对于皮肤的整体健康至关重

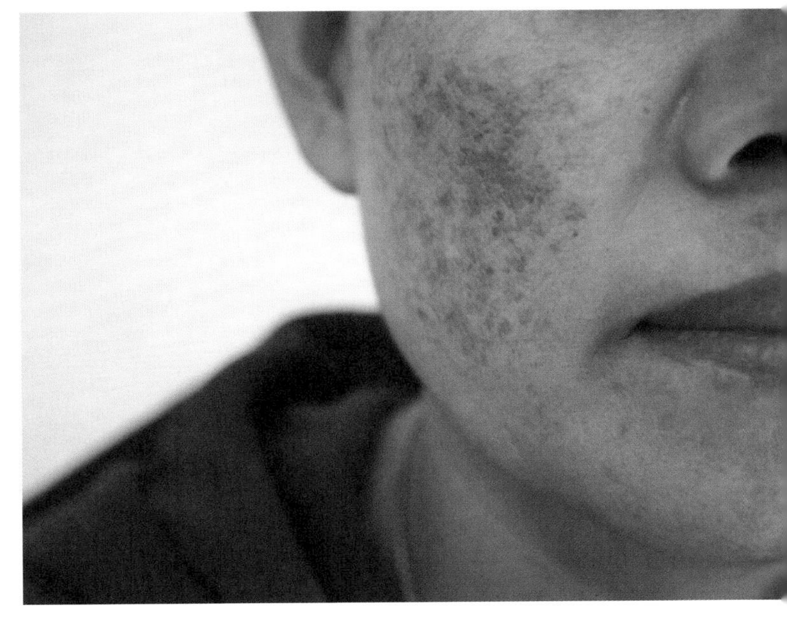

要，而雌激素恰恰与它有着千丝万缕的联系。雌激素能够刺激胶原蛋白生成，增加皮肤厚度，促进水合作用和伤口愈合，增强皮肤的屏障功能。一项研究显示，40% 女性表示在经期皮肤会变得更加敏感，研究人员认为这很可能是由于经期雌激素分泌过少引起的。

而雌激素分泌过多时，又会引发一系列病变，如黄褐斑（常见于妊娠期女性）、经前症状加剧或多种癌变，其中就包括乳腺癌。此外，雌激素会加剧子宫内膜异位症，约 10% 女性患有子宫内膜异位症，此病症对皮肤的影响为皮脂过度分泌和高度色素沉着。

睾酮

睾酮是一种重要的雄激素，主要作用于男性生殖功能，还能增强骨骼和肌肉的力量。女性体内也分泌少量睾酮。

由于男性和女性的睾酮分泌数量不同，这一激素对两性身体的影响也不尽相同。

对于男性而言，睾酮能够增加真皮层周围组织的厚度，刺激胶原蛋白生成，使皮肤更有弹性。男性真皮层组织的厚度是女性的 1.25 倍左右，胶原蛋白密度也更大，这就是为什么男性皮肤比女性皮肤衰老得更慢，皱纹也更少。睾酮能够刺激皮脂腺分泌皮脂，使皮肤变得柔软，毛孔变得更为粗大。睾酮分泌过多则会引起囊肿性痤疮。睾酮还会刺激全身汗毛的生长，尤其会刺激脸颊下方胡须的生长。

对于女性而言，缺乏睾酮会使皮肤失去弹性和张力，皮肤会因此容易变得干燥。而睾酮过多又会刺激皮脂腺分泌过多的皮脂，从而引发囊肿性痤疮。睾酮大量分泌会刺激全身，尤其是面毛的生长。

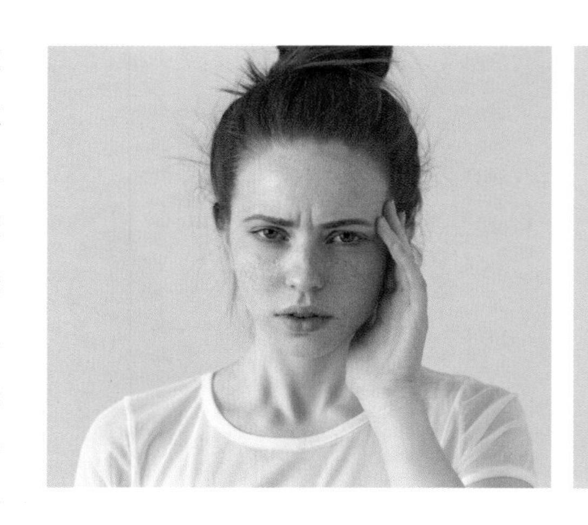

睾酮
分泌过多
会引发
囊肿性痤疮。

皮质醇

在压力下，人体会分泌皮质醇，这种激素会激发人体对脂肪和糖类的摄入需求，使得人体脂肪和水的含量增加，而肌肉含量减少。压力和增重之间的联系就此建立。皮质醇还有另外一种作用，它会刺激痤疮生长和皮肤早衰。在某些罕见的情况下，皮质醇还会引发库欣综合征，这是一种严重的疾病，其主要症状为皮肤干燥、变薄，出现瘀斑、紫癜和痤疮。

青春期激素

众所周知，青春期是激素的爆发期。然而鲜为人知的是，激素失衡可能在青春期开始前就已经发生了。如果青春期的平均开始年龄是十二岁，那么女性出现激素失衡最早在八岁，男性最早在九岁。这种激素的波动会引发一系列的皮肤问题，很多青少年都受到皮肤病的困扰。

面部皮肤

现在请观察一下自己的手、双臂、双腿和面庞。皮肤遍布我们的全身，但如果你认为从头到脚的皮肤都是一样的，那就大错特错了。它们的厚度就大相径庭。面部皮肤的厚度为0.05~0.1 毫米（眼周皮肤是我们全身皮肤中最薄的部分），而脚底和手掌部位的皮肤厚度可以达到 1.5 毫米，几乎相当于最薄部分的 30 倍！面部薄弱的皮肤是我们全身上下最容易生长皱纹的地方。

人体不同部位的皮肤上的毛囊、汗腺和皮脂腺的数量、大小也不尽相同。由于这些不同点，某些护肤方法和产品就更加适用于面部皮肤。

以下是使用面部护肤品的五个原因。

1. 面部是人体最常暴露在阳光下的部位，最易受到紫外线的照射，而过度的紫外线照射会导致皮肤早衰。所以，面部皮肤一定要注意防晒。

2. 面部皮肤很容易受到激素波动的影响。某些皮肤问题来源于雄激素失衡，其中睾酮会影响皮肤的皮脂分泌数量。由于皮脂腺在面部的分布最为密集，面部也就成为雄激素分泌过多的主要表现区域。大量皮脂分泌会导致皮肤变得油腻和出现痤疮。而当皮脂分泌过少时，皮肤又会变得干燥、敏感。合适的产品能够帮助我们对抗皮脂波动。

3. 我们或许并没有感觉到，面部表情实际上是由面部肌肉的运动引起的。尽管在大多数情况下，面部肌肉只会发生十分微小的运动，但我们的皮肤仍会被牵动，持续地随之拉伸和收缩。由于眼周肌肤极薄，肌肉微小的运动也会使其产生皱纹。这就是为什么从前的模特儿都禁止做出任何面部表情，违者罚款。早在 19 世纪，中产阶级母亲都建

面部
是
全身皮肤
最薄的
部位。

议自己的女儿结婚前尽量减少微笑，因为由微笑产生的细纹会降低她们对追求者的吸引力。好的护肤品有助于保持皮肤弹性，减少皱纹的产生。

4. 除了胸部皮肤，面部皮肤是全身最娇嫩的皮肤，所以需要精心护理和及时补水，从而防止受到刺激。

5. 角质层，也称角化层，是人体表皮的最外层，主要由死去的角质细胞组成。即便如此，面部的角质层仍比人体其他部分的皮肤娇嫩许多。面部皮肤比身体其他部分皮肤（生殖器官的皮肤除外）的细胞数量要少。这就是为什么面部皮肤更易受到伤害，更敏感。因此，选用一款温和适用的面部清洁产品尤为重要。面部清洁和身体清洁最好选用两种不同的产品。

皮肤类型

要想了解日常皮肤护理的目的，我们首先需要详细了解皮肤本身及其各种功能。

了解自己的皮肤类型为何如此重要呢？因为皮肤类型不同，构成形式就不尽相同，呈现的外观尤其是需求，也就各不相同。一位经验丰富的美容师会向你提出几个问题，由此做出诊断分析，让你了解自己的皮肤类型和最合适的面部护理方式，并给出一系列针对你的皮肤类型的护理建议和方法。具体案例见本书《护理皮肤》一章。

皮肤类型和状态

一般来说，学界将皮肤分为四种类型（中性、干性、油性和混合性），而我认为事实上只有三种类型——干性、油性和敏感性。不过本书会将这些皮肤类型都向大家进行介绍。皮肤的健康状态决定着皮肤的护理方法。从人们成年开始，皮肤类型就基本固定，终其一生不会再发生改变，但皮肤状态会经常变化。各种不同的状态还可能相伴出现。所以，一个人的皮肤可能同时处在出油、敏感和缺水的状态。许多内在和外在因素共同决定着皮肤的状态，其中包括气候（例如环境污染）、饮食习惯、药物摄入、压力、睡眠质量、遗传和护肤品成分等。

皮肤类型可以改变吗

或许有人曾向你保证，使用某种神奇的护肤品就能把皮肤调节到最佳状态。然而事实上，一旦成年，人类的皮肤类型就已经固定，无论采用什么护肤方式，都不能再改变自己的皮肤类型。但不必为此灰心，我们的皮肤会随着时间流逝自行微调。油性和干性皮肤同样能焕发光彩。重要的是为你的皮肤选择适合它的护理方式。

中性皮肤

所谓的中性皮肤，是既不过分油腻又不过分干燥，处于平衡状态的一种皮肤，这种皮肤会分泌适量的皮脂。这种皮肤触感柔软，均匀无瑕疵。但现实中，这种完美的皮肤是很少见的。

干性皮肤

干性皮肤质地轻薄，皮脂分泌不足。缺乏皮脂的滋润，皮肤更容易受到外部的伤害。干性皮肤柔韧度较低，比其他类型皮肤更易早衰。老年人的皮肤大多呈干性状态。

油性皮肤

油性皮肤质地厚重，油脂分泌过多，外观油腻。与干性皮肤截然相反的是，油性皮肤所分泌的过多油脂在皮肤表面形成了一层保护膜，防止皮肤生长皱纹。然而，油性皮肤更容易出现痤疮等面部问题。此类皮肤多出现于青年群体，这个年龄层的人正经历激素变化，皮脂腺分泌异常活跃。

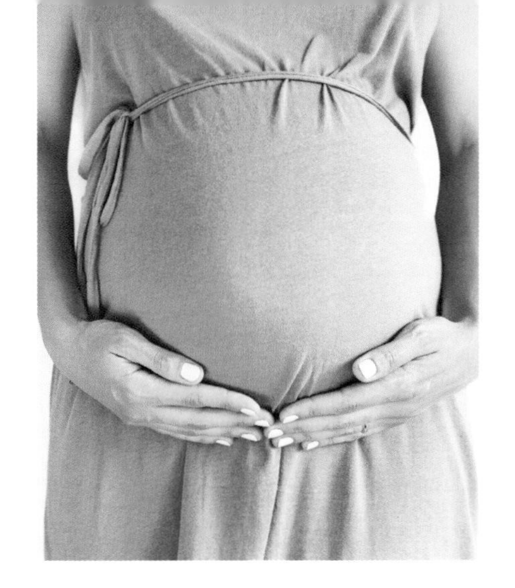

混合性皮肤

通常，混合性皮肤的外观健康光滑，只有 T 区（额头、鼻子和下巴）偏油，而脸颊部位则偏干。在我看来，这在现实中并不能算作皮肤类型，因为每个人的皮肤都是混合性的。

敏感性皮肤

敏感性皮肤形成的内因

随着年龄增长，皮肤对于碱性物质如肥皂等会越来越不耐受，并且皮肤表面构成水合脂膜的物质会逐渐减少，导致皮肤表面酸碱失衡和水分流失。

- **由压力、妊娠、月经周期、青春期和更年期导致的激素失衡会影响皮肤的保护功能。**
- **某些人更易受到皮肤过敏和炎症的困扰。这种现象常见于干性皮肤人群和痤疮患者。**
- **对某些物质如谷蛋白、奶制品、鸡蛋等不耐受或过敏，也会引发皮肤炎症和皮疹。**
- **过度失水后皮肤更加干燥，其保护屏障功能会受到影响。**

敏感性皮肤形成的外因

季节和气温的变化会加重皮肤的敏感性。过冷、过热和吹空调都会减少激素分泌，不能达到对皮肤整体的保护作用。天气过热时，皮肤出汗增多，汗液蒸发后皮肤会变得干燥。

过多使用肥皂和清洁剂会破坏皮肤表面起保护作用的脂类，造成皮肤酸碱失衡，破坏皮肤屏障。

出现湿疹、银屑病和炎症的皮肤，非常敏感，需要用温和、不含香精、成分简单的产品加以护理。

皮肤缺水

补水在细胞再生和皮肤更新循环中扮演着至关重要的角色。皮肤缺水会变得干燥暗淡，容易过早衰老，还会出现炎症。缺水的皮肤面对外界伤害时更加敏感，更容易出现过敏现象。

中性、干性、油性或混合性皮肤都会面临缺水的风险。

皮肤缺水和干性皮肤的表现虽然相似，但不要将两者混为一谈。

皮肤缺水的表现

皮肤缺水表现为皮肤暗淡，无光泽，出现皱纹，粗糙不平，不柔软，有颗粒感，紧绷，伴有皮屑。缺水只是皮肤的一种暂时状态，并不一定说明皮肤是干性的。

皮肤为何缺水

皮肤缺水的根源在于皮肤的屏障功能受损，皮肤表面的水合脂膜不再具备保护功能。在角质层的保护下，皮肤屏障最主要的功能就是防止水分流失。若水分蒸发加速，皮肤就会缺水。引起缺水现象的因素有很多。

- 环境因素，如寒冷、大风、污染、紫外线等。
- 吸烟和饮酒。
- 情绪起伏、压力和疲劳。
- 某些药物和治疗手段。
- 使用过于刺激和清洁力过强的护肤品。

皮肤衰老

所有类型的皮肤都会衰老，无人可以幸免。随着皮肤日渐衰老，皮肤会发生萎缩，密度会减小，柔软度和弹性也都会降低。随之而来的是皱纹和色素沉着。

皮肤衰老的表现

我们能观察到皮肤自然衰老的现象，衰老是由细胞更新变慢造成的。

视觉上，衰老皮肤会出现皱纹和色斑，变得暗淡、苍白、蜡黄。

触感上，衰老皮肤较薄、干燥和粗糙，纹理不均匀，触感不再柔软，弹性和紧实度都有所降低。同其他器官一样，皮肤的衰老早已被编入基因中，随着时间的流逝会逐渐加重。这是一个正常现象。某些遗传、生理甚至病理因素导致的皮肤衰老，称为内在衰老。生活方式、饮食、压力、阳光照射、吸烟等因素导致的皮肤衰老，属于外在衰老。

所有
类型的皮肤
都会衰老，
无人可以
幸免。

观察皮肤

皮肤是一本“打开的书”，你只要善于阅读，就能从中获得有用的信息。皮肤会发出各种信号，向我们传递信息。我们仔细观察皮肤发出的信号，就能准确判断个人的身体状况。

二十多年来，我一直在用双手“读”皮肤。经过长期的实践，我的感觉已经愈加敏锐，能够对皮肤做出更为深入的分析。当然，我的判断并不能作为医学诊断。但是，如果某位顾客面部的某

些区域呈蜡黄色，我根据经验就能判断这是某种病变的表征，因此会建议其进行某些专项检查以及向医生寻求更为专业的帮助。另外，专业的美容培训课程则会要求学生学习人体各个系统的功能、运行原理和特点，熟知皮肤症状的内因以及影响皮肤、体毛和指甲的主要因素。

当某人出现痤疮时，其可能患有内分泌失调。

皮肤干燥、紧绷、缺乏弹性，说明有益脂肪摄取不足，缺水或者甲状腺出现了异常。

那么，当皮肤呈现黄褐斑、皱纹或凹陷等早衰现象时，又代表什么呢？在我看来，引发这种现象的因素很复杂，其中包括氧化、炎症、暴晒、暴饮暴食、营养不良、长期疲劳、压力或其他慢性疾病。

当某人出现痤疮时，其可能患有内分泌失调。

伤口在愈合期间需要大量的基础营养物质，比如维生素、脂肪酸和氨基酸，以便生成新的健康组织。

皮肤与肝脏

肝脏发生病变时，皮肤会出现某些症状，例如瘙痒。越早发现这些皮肤症状，发生病变的根源才能越快得到治疗。所以定时进行皮肤检查非常必要。

我们还要养成良好的饮食习惯和生活习惯：饮酒适度，不吸烟，尽量不吃转基因食品，摄入足量的水果和蔬菜。

皮肤与人体缺水

如果你的皮肤干燥、紧绷、失去弹性，那很有可能是因为你喝水不足。但是请注意，皮肤缺水也可能是甲状腺功能减退或糖尿病的表征，这两种疾病非常严重，需要立即就医进行治疗。

当人体缺水时，脑细胞同样缺水，不能维持正常的机能。人体缺水早期，会出现头脑不清晰、思维混乱、头痛和疲劳等症状。

**我建议
每人每天
摄入两升水。**

我建议每人每天摄入两升水，但这也包括汤和水果中的水分。

多喝水能够有效预防肾结石并降低尿道癌的发病率，其更直接的好处在于使我们的思维更灵活，头脑更清醒。

衰老、皱纹和骨质疏松

虽然在衰老过程中难以避免地会产生皱纹，但是如果皱纹过早出现，则说明我们的身体出现了某些异常。研究发现，更年期和骨质疏松初期，皮肤表面会出现较深的皱纹。

我在从业实践中发现，四五十岁的女性和二三十岁的女性相比，面部骨骼存在巨大的差异。面部骨骼和身体其他部位的骨骼一样，随着时间推移，其密度都会变小。当面部皮肤因重力作用不断下垂时，下颌线条也会逐渐变得模糊，眼周和脸颊会出现皱纹，额头更加突出，双下巴更明显。整形手术也无法逆转这一衰老过程。请注意，由于更年期雌激素分泌减少，维持皮肤弹性和张力的胶原蛋白、弹性蛋白也会减少。令人遗憾的是，目前我们对于激素与衰老方面的了解还很不全面。

人们可能在不知不觉中就已经患上了骨质疏松，但直到轻轻摔了一跤就骨折的那一天，才发现这一事实。正确的做法是在更年期伊始就补充钙质，并定期锻炼以保持骨骼的健康。绿叶蔬菜和西蓝花、皱叶甘蓝等十字花科蔬菜富含钙质，其他钙含量高的食物还有沙丁鱼、奶制品、豆腐、四季豆和豆类。

人们可能在不知不觉中就已经患上了骨质疏松。

面部色斑

面部色斑有很多成因，可能是一种无关紧要的现象，但也可能是严重疾病的表征。所以最好找专科医生做皮肤病检查，以便查明原因。

常见的面部色斑有晒斑和雀斑。还有一种色斑，常出现于女性长久暴晒的位置。色斑的成因与激素、遗传和紫外线有关。怀孕期间出现的色斑称为孕期黄褐斑。

随着年龄增长，有些人还会患上脂溢性角化病，这是一种由皮肤表皮增生引起的色斑。这种色斑通常不会突起，但也可能出现变厚的现象，导致皮肤粗糙不平。这种病症的起因还不明确，但有家族病史的人患病概率会更大。这种色斑在黑色皮肤上表现为另一种形态，即黑色丘疹性皮肤病。

光线性角化病是皮肤癌的一种前期病变，它的颜色和外观与普通色斑无异。这种病症需要接受医学治疗。

有些色斑可能是一些严重疾病的表征，比如恶性雀斑样痣和黑色素瘤，这些皮肤癌变需要尽早治疗，防止进一步恶化。当出现疑似症状时，你最好尽快就医，做一些必要的检查。

皮肤粗糙干燥，头发和指甲易断

甲状腺功能减退患者的甲状腺激素分泌不足。我从患者那里直接观察到此类病症在皮肤上的表征——皮肤粗糙干燥，指甲易折，头发细且易断，面部水肿，眼球突出，面色苍白。这也是为什么我一直强调：当皮肤出现干燥症状时，不要一味地涂抹面霜，而是应该适时就医。

弥漫性红斑

红斑的成因并不容易解释。皮肤上

突然出现了一片红斑，持久不退并伴有水肿，这可能是过敏现象。激素的剧烈变化可能引发血管舒缩症状。

当位于脸颊、鼻子、额头或下巴的毛细血管扩张且失去弹性时，皮肤就会出现弥漫性红斑。这种红斑被误认为玫瑰痤疮，但它只是玫瑰痤疮的症状之一。这种痤疮会造成永久性红斑。

如果皮肤上出现了红斑，请注意观察其发展情况，在红斑不能自行消退的情况下需要及时就医。

红斑狼疮

脸颊及鼻梁长出的淡紫色蝶状疹子可能是红斑狼疮。红斑狼疮是一种慢性自身免疫性疾病，红斑狼疮患者的免疫系统会攻击并摧毁自身机体细胞。这种病会导致多处组织和器官发炎，如皮肤、肌肉、关节、肾脏、肺部和心脏。红斑狼疮的发病率为千分之一，多见于女性。

如果出现了皮疹，同时对阳光过敏或出现口腔溃疡，请及时就医检查。

疱疹样皮炎

疱疹样皮炎经常被误认为湿疹，它是腹腔内脏病变在皮肤上的表现。疱疹样皮炎是一种罕见的自身免疫性疾病，发病率不到千分之一，是由谷蛋白不耐受引起的，与谷蛋白直接接触皮肤无关。其表现为肘部、膝盖、颈背、头部和臀部的皮肤有烧灼感和瘙痒症状，出现均匀分布的丘疹（红色脓疱）和小泡状病变。同腹腔疾病一样，疱疹性皮炎也是一种慢性病，控制方法就是杜绝谷蛋白的摄入。

嘴唇干裂

你有嘴唇干裂的现象吗？嘴唇干裂的原因可能是气候干燥或唇部过度保湿。还有一种原因就是你对牙膏、润唇膏或口红中的某种成分过敏。

唇联合处的红斑、脱皮和干裂现象可能是口角炎的症状，这是一种真菌感染，通常由维生素缺乏或某种慢性病引起，很好治愈。

肤色

不同的肤色是人类和生命的一大财富，无论是什么性别和年龄，不同的肤色散发着不同的美。

肤色由浅至深分别为淡粉色、淡黄色或赤褐色，这种差异主要是由皮肤中黑色素的数量、分布和性质决定的。肤色主要由基因决定，同时后天因素如日晒也对肤色起很大作用。

肤色分类

美容界用哈佛大学医学院托马斯·菲茨帕特里克教授提出的分类法界定肤色，以下六种皮肤样本被认为是肤色划分的标准。

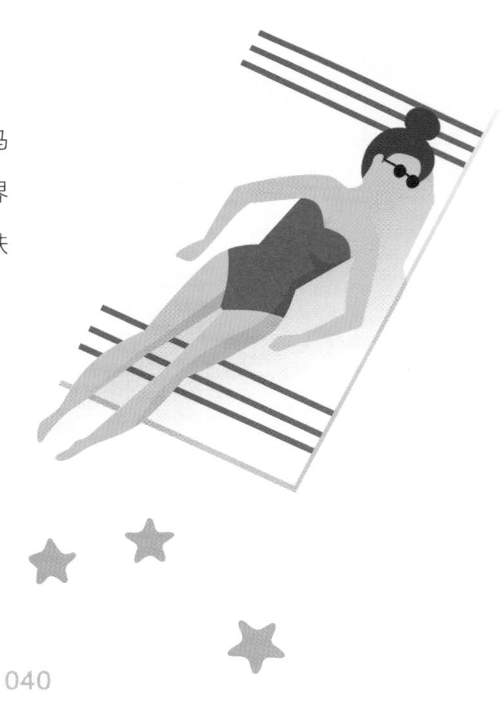

样本 1

人种来源：克尔特人、北欧人。

肤色极浅，金发，眼睛呈蓝色或绿色。

光照反应：此类皮肤不会晒黑，易生雀斑，极易晒伤。

样本 2

人种来源：北欧人、德系犹太人、北美洲原住民。

浅色皮肤，金发或棕发，眼睛呈蓝色、绿色或棕色。

光照反应：皮肤不易晒黑，易生雀斑，易晒伤。

样本 3

人种来源：犹太人、中东欧人、南欧人、地中海人、毛利人。

浅橄榄色皮肤，棕发，眼睛呈绿色

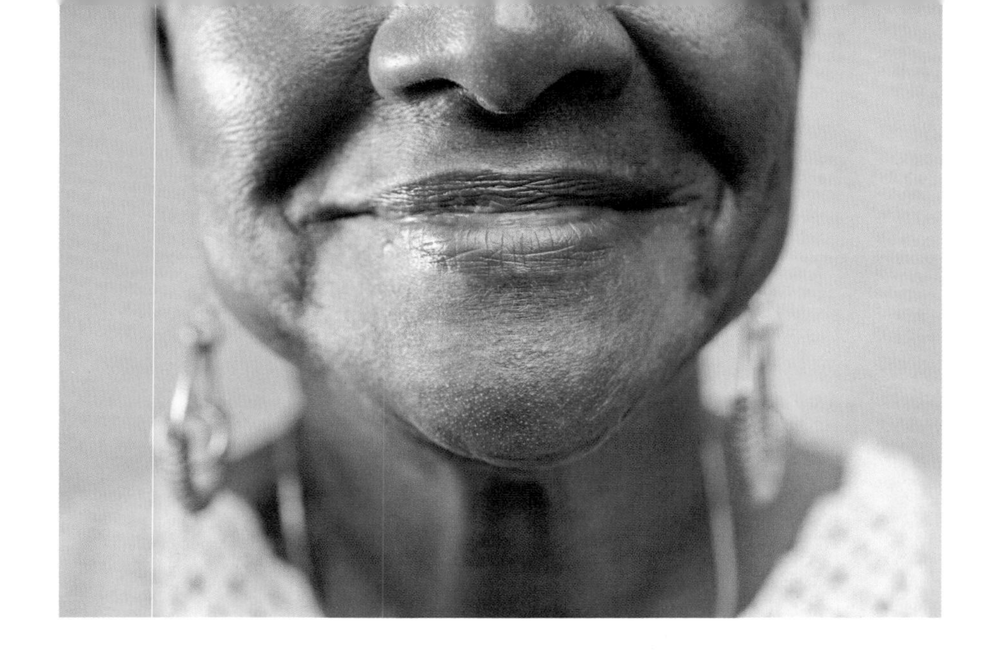

或棕色。

光照反应：有晒伤和晒黑的风险。

样本 4

人种来源：中国人、日本人、泰国人、越南人、菲律宾人、印度尼西亚人、中美洲及南美洲人、印度人。

暗色或橄榄色皮肤，棕发或黑发，眼睛为深棕色。

光照反应：晒伤风险低，易晒黑。

样本 5

人种来源：东非及西非人、厄立特里亚人、埃塞俄比亚人、北非人、中东阿拉伯人。

深棕色皮肤，黑发或深色头发，眼睛为深棕色。

光照反应：晒伤风险极低，极易晒黑。

样本 6

人种来源：中非及南非人、南印度人、澳大利亚原住民。

黑色皮肤，黑发，眼睛呈黑色。

光照反应：肤色极深，无晒伤风险。

我们使用样本分类法，以便更好地研究光照时间和晒伤风险之间的关系，如今我们趋向于将这一关系与肤色挂钩。但这只是肤色分析的第一步，仅依靠肤色样本并不能全面地描述肤色。一个人的肤色是众多因素互相作用的结果，其中包括生物因素、遗传因素、环境因素和文化因素。事实上，每种肤色都可以对应红色光谱中的某一个波长，是肉眼可见的。

在基础需求一致的情况下，某种皮肤会比其他类型的皮肤更容易出现某些问题。比如深色皮肤的体毛更加明显，颜色不均，暗淡，更易出现伤痕。

黑色皮肤和亚洲皮肤的真皮层比白色皮肤的真皮层更加厚实，因此前两类皮肤更不容易出现皱纹，脂含量更高，角质层的水含量也更高。

黑色皮肤的神经酰胺含量有时比白色皮肤或西班牙人皮肤的少 50%，而亚洲皮肤的神经酰胺含量是最高的。神经酰胺是与皮肤水合作用关系最密切的一种脂类，它在皮肤屏障的构建和维护方面起到了决定性作用。由于含有更多的神经酰胺，黑色皮肤和亚洲皮肤能更有效地对抗水分和电解质流失，从而拥有比白色皮肤更好的保湿能力。

研究人员还发现，深色皮肤在痤疮方面也与浅色皮肤表现不同。深色皮肤使用刺激性药品后极易留下斑点（炎症后高度色素沉着），因此在治疗中要依据肤色妥善用药。

瘢痕疙瘩

瘢痕疙瘩是瘢痕发炎后形成的突出

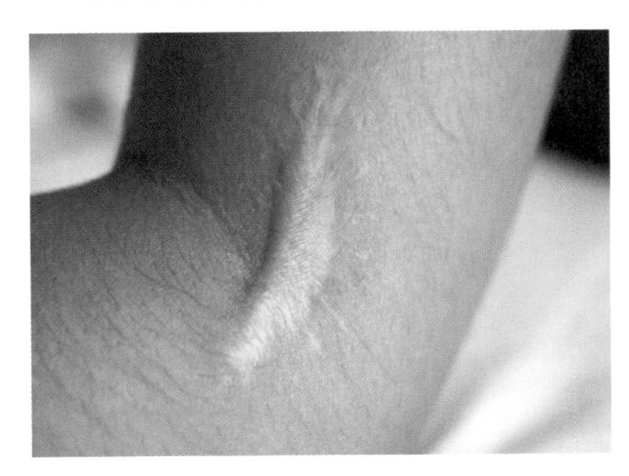

硬化赘疣。皮肤组织在修复过程中生成过多胶原纤维，最终就形成了瘢痕疙瘩。瘢痕疙瘩有多种成因，可能是由皮肤外伤、带状疱疹、痤疮引起的，严重时甚至需要手术。

黑色皮肤和亚洲皮肤易患此类皮肤病。白色皮肤极少出现瘢痕疙瘩。

衰老迹象

黑色皮肤表皮层的细胞数量比白色皮肤的更多，因此更厚、更强韧，也包含更多的水分。黑色皮肤表皮共有二十二层细胞，而白色皮肤表皮一般有十七层细胞，正因如此，皱纹在白色皮肤上会更加明显。黑色皮肤和亚洲皮肤的毛囊周围会分泌更多皮脂，微生物群的数量更多，酸碱值也更低（呈酸性），所以更不易因氧化而早衰，这类皮肤天生更加抗衰老。

亚洲皮肤易长雀斑、老年斑和斑痣，对于此类皮肤而言，这些色斑的出现就意味着衰老的开始。

阳光是皮肤的头号敌人：阳光会损坏皮肤结构，降低皮肤弹性，容易导致衰老和色斑。

大家要谨记，无论何种样本或肤色，阳光都是皮肤的头号敌人：阳光会损坏皮肤结构，降低皮肤弹性，容易导致衰老和色斑。

亚洲皮肤特性

亚洲幅员辽阔，肤色种类也很多，从以日本、韩国为代表的浅色皮肤到以泰国、中国南部和印度地区为代表的深色皮肤，肤色种类区别很大。然而，尽管肤色种类存在众多差异，我们仍能总结出亚洲皮肤的一些共性，其中最显著的共性就是黄色。

亚洲皮肤的黑色素浓度很高，极易出现老年斑、炎症后高度色素沉着或痤疮性高度色素沉着。光照衰老（长期接触紫外线照射引起的皮肤早衰）在亚洲浅色皮肤人群中也更加容易出现。

此类皮肤的跨表皮水分流失更少，水合度要高于平均水平，脂类屏障更易受损，所以皮肤更易受到外界伤害。

红棕色头发、白色皮肤人群

两种色素决定着皮肤、头发、体毛和眼睛的颜色：一是真黑素，它生成深色（从棕色到黑色）；二是褐黑素，它生成从黄色到红色不同深度的颜色。这两种黑色素结合在一起，就决定了每个人不同的身体颜色。

真黑素能够有力地帮助皮肤对抗紫外线的伤害，但褐黑素并不具备这项能力，生成褐黑素的人头发呈金色或红棕色，肤色极浅，很难晒黑。因此，金色或红棕色头发的人群极易晒伤。

世界上 1%~2% 的人拥有雀斑突变基因，它多见于欧洲北部和西部人群，苏格兰人和爱尔兰人最易生雀斑。

世界上 1%~2% 的人拥有雀斑突变基因。

红棕色头发、白色皮肤人群需要极为精心地护理皮肤，美容师应该向他们阐明其面临的皮肤健康风险，如实传达所有需要注意的重点。

毋庸置疑的一点是，如果你属于红棕色头发、白色皮肤人群，绝对不要在无任何防护措施的情况下暴露在阳光之下！

是真是假

我们的皮肤一生都不会改变？错。皮肤是会改变的，而且是持续不断地改变。皮肤会随着季节、天气、年龄、近期的压力程度、激素和情绪的变化而变化。

你的皮肤是否在少年时期光滑无瑕，二十五岁时油腻、长粉刺，三十岁时又干又敏感？这是很有可能发生的事情。

请仔细观察皮肤，根据皮肤在各个具体时期的不同需求适当调整护理策略。因为从前的皮肤护理方法很可能就不再适合你当前的皮肤状况了。根据皮肤需求调整护理策略，你的皮肤会越来越好。

绝经会使皮肤发生突如其来的变化？绝经期的症状会在几年内逐渐显现，通常发生于四十多岁到五十岁这几年。当月经停止超过一年时，就会被认定为绝经。

四分之三的女性在绝经初期都会出现烦躁、睡眠紊乱、阵热、多汗、体重增加、疲劳、性欲下降的现象。通常人们会认为这是该阶段的必然现象，只能忍受，但事实上我们可以采取一些措施来减轻这些不适。以下是一些方法和建议。

- **合理安排膳食。多吃颜色鲜艳的蔬菜和富含完全蛋白的食物，有助于**

恢复精力。少吃精制碳水，它们不利于消化。非转基因食物是最健康的。

- 避免压力过大，根据需要采取一些减压方法。
- 健康作息。
- 多运动！运动能产生内啡肽，提高5-羟色胺水平。

小麦色才是健康的肤色？很长一段时间以来，大众认知中健康的样子是这样的：有着古铜色身体的人，迈着轻松的步伐，走在滚烫的沙滩上，身上被海水打湿，闪光的海水还在往下流淌。人们认为褐色或古铜色的皮肤就是健康的象征。但是，日晒也会带来危害，如皮肤癌、早衰等。当然日照也有好处。阳光能促进维生素D的吸收，强健骨骼，降低某些癌症的发病率，增强免疫功能。

冷水或某些面霜能收缩毛孔？毛孔在维持皮肤健康方面至关重要，皮脂通过毛孔排出，从而让角质层起到保护作用。有些人认为毛孔过于粗大非常难看。于是有些厂商就声称他们的某些面霜具有收缩毛孔的功效。或许你还在很多地方听到过"冷水洗脸能收缩毛孔"的说法。然而这些都是假的。想要收缩毛孔，正确的做法是清洁皮肤、去除堵塞毛孔的污垢。

深色皮肤不需要护理？深色皮肤含有更多的黑色素。黑色素能保护皮肤免受某些侵害，比如光照和污染，这些侵害都会导致皱纹的产生。所以认为深色皮肤更能抗衰老是不无道理的。

但是请注意，这并不代表深色皮肤就不会衰老。深色皮肤的衰老现象包括斑纹、高度色素沉着、老年斑或斑痣，多出现于手背和面部。所以，深色皮肤和其他任何一种皮肤一样，都需要精心的护理。

黑色皮肤不需要防晒？有人认为，

黑色皮肤既然含有这么多的黑色素，那它就可以接受阳光直晒，不会造成伤害。其实这种想法是错误的。和其他类型的皮肤一样，黑色皮肤暴晒后也会受到伤害。

黑色皮肤人群同样会患皮肤癌。阳光会导致皮肤早衰、粗糙、干燥、长斑以及松弛，任何一种皮肤都不能幸免。

所以，无论何种肤色的人都需要好好保护皮肤。如果需要外出，请做好防护，如涂抹防晒系数在 30 以上且能有效过滤 UVA（长波紫外线）和 UVB（中波紫外线）的防晒霜。

化学脱皮术和激光疗法不适用于黑色皮肤？有些观点在人们的思维中根深蒂固。比如有一种说法是，化学脱皮术和激光疗法对黑色皮肤无作用。

这一观点并没有临床依据。除非身体上有瘢痕疙瘩，否则深色皮肤人群一样可以进行脱皮或激光治疗。大家担心术后不但没有去除色素沉着，反而留下色素沉着、深色斑纹和瘢痕。

那么如何保证治疗成功呢？首先需要确保在术前数周内将皮肤调整到正常状态。其次，在治疗间隙给皮肤恢复留有足够的时间：以十到十四天为宜，有些治疗甚至需要四周的恢复时间。最后，皮肤科医生的细心监管、技术和使用产品的好坏也至关重要。

无论
何种肤色
的人，
都需要
好好保护皮肤。

生活方式与皮肤

如果没有外部伤害，那么皮肤护理会变得更加简单。这一点在我所在的加拿大魁北克省得到了印证。这里四季温差很大。在冬季，户外空气潮湿，气温在零下 20 摄氏度左右，而室内空气则相对干燥，气温维持在 20 摄氏度左右。这种温度差异对皮肤的伤害不亚于大风和日晒，影响皮肤的其他因素还包括睡眠、压力、污染和体育锻炼。

有些影响皮肤的因素不可避免，有些却可以控制。比如我们无法避免阳光和温度对皮肤的伤害，但可以选择通过跑步和保证睡眠时间等方式维护皮肤的健康。

控制那些可控的因素，而对于无法改变的因素，采取保护措施，从而尽量减小伤害。

睡眠

我将从两方面介绍睡眠，即睡眠充足对皮肤的好处和睡眠不足对皮肤的坏处。结论非常明确：要想皮肤好，睡眠不能少。

要想皮肤好，睡眠不能少。

夜晚再生期

皮肤的修复过程是在睡眠时间发生的。白天，皮肤作为外层屏障保护身体免受外界侵害（风、阳光、污染），到了夜晚，皮肤会进行大量再生活动。夜晚是细胞分裂的时间，干细胞一分为二：其中一个细胞开始成长，从真皮层到达表皮层，最后到达角质层；而另一个细胞则留在原地，等待下一次分裂。白天，细胞更新的速度大幅降低，皮肤再次开启保护模式。细胞分裂在夜里1时到达顶峰，十二个小时后，大概会在下午1时停止。

夜间还会发生另一个现象：在细胞更新密集的部分，小血管内的血液循环也会加速。

总之，夜晚是维持皮肤健康的重要时段。削减睡眠时间会严重扰乱皮肤细胞的更新进程，大大削弱皮肤的防护功能，并使皮肤逐渐失去光泽。所以晚上一定要睡觉，还要睡好。如果你经常在夜间办公，长此以往，除了皮肤，身体其他方面也会受到影响。

那么需要睡多长时间呢？一个健康的成人每晚需要保证七到八小时的睡眠。

睡眠不足的影响

睡眠有助于修复皮肤，与之相反，睡眠不足则会使皮肤憔悴，加重黑眼圈和眼袋。睡眠严重不足可能会导致皮疹，降低皮肤的修复速度。研究表明，当出现皮肤病如日光性皮炎，也就是我们常说的晒伤时，夜间睡眠质量好的人恢复速度会更快。

而严重睡眠不足会加速衰老。长期以来，这种观点只是一个假说，直到2013年终于被一组研究人员证实。临床试验结果表明，睡眠不好的人表现出更多的皮肤衰老现象，在受到外界侵害（如紫外线）时，恢复速度也更加缓慢。

夜间睡眠时间过短，会使人体内皮质醇呈爆炸式增长！皮质醇与皮肤密切相关。它的释放会向皮脂腺传递信息，刺激其分泌更多的皮脂。也就是说，皮质醇分泌越多，皮脂就分泌越多，而过多的皮脂分泌是我们不希望看到的结果——皮肤越油腻，越容易产生痤疮和炎症。

这种链式反应还不止于此。过多的皮质醇会降低人体维生素 B 和维生素 C 的储量，这两种维生素对于胶原蛋白的生成必不可少，而胶原蛋白能够保持皮肤弹性。总而言之，过多的皮质醇会导致皮肤紧绷，进而产生皱纹。

人体睡眠时释放的褪黑素能够“中和”偶尔过剩的皮质醇，消除这种激素对于皮肤结构的不利影响。

头发

皮肤会受到阳光的伤害，头发也一样。在你缓慢进入梦乡时，你体内的毛细血管仍在工作。毛细血管是血液流入头皮的通道。晚上，细胞专注于自我修复，头发也会因此变得闪亮、顺滑。

改善睡眠的秘诀

在紧张的生活节奏之下（孩子、工作……数不清的责任），好好睡一觉已经变成了一种奢望。但是，以下这些建议或许能够帮你重获高质量的睡眠。

晚饭时间提前。夜晚大吃一顿后再入睡，会导致消化系统受损、睡眠不安。**富含色氨酸的食物**（如杏仁、核桃和奶制品）能促进褪黑素的分泌。**樱桃汁**也能促进褪黑素的分泌。睡前一杯**洋甘菊茶**，里面加一点蜂蜜，有助于舒缓神经，促进睡眠。

睡前阅读也是助眠的好方法。沉浸于小说、散文或诗集中，你可以更好地将工作和其他琐事抛诸脑后。养成睡前一小时**不看任何电子产品**的习惯，其中主要是手机。

冥想的众多益处已经得到了广泛证明。2019年的一份研究表明，冥想甚至有助于治疗早期失眠。所以从任何角度来看，冥想都是一项对身体绝对有益的活动。

创造良好的入睡环境也不容忽视。将室内温度调至**18~22摄氏度有助于睡眠**，一张**高品质的床垫**能给予你的身体舒适的支撑，**蚕丝枕套**能减少枕头与面部娇嫩皮肤的摩擦，**蚕丝眼罩**能使夜间睡眠不受干扰。蚕丝的吸水性比纯棉小很多，所以在和肌肤接触的过程中就不会“夺走”面霜！如果空气干燥，不要忘了在房间里放置一个**加湿器**。空气干燥会导致多种疾病，例如眼部、鼻腔和喉咙炎症以及鼻出血，加重感冒、哮喘、肺部疾病、鼻窦炎、过敏及口腔干燥等症状。足够湿润的新鲜空气有助于更好地呼吸和睡眠。

规律作息也有助于提高睡眠质量。请你每天在同一时间入睡，保持七到八小时睡眠，天亮后起床，合理安排膳食，适当运动！

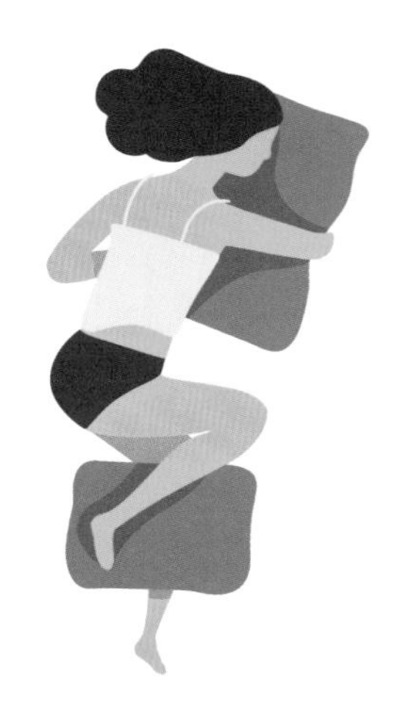

众所周知，人一生有三分之一的时间都在睡觉。睡眠期间，皮肤进行自我修复和再生。所以，一个人缺乏睡眠或睡眠习惯不好，很自然地就会引发各种皮肤问题，使用再昂贵的护肤品也无济于事。

为保证良好的睡眠，最好选用天然材质的床垫。哈佛医学院的研究表明，聚氨酯、合成橡胶、塑料泡沫和乳胶等材质不透气，不散热。与此类材质的床垫相比，天然材质的床垫最不易引发哮喘、鼻炎、瘙痒、红斑、湿疹等过敏现象，以及头痛、疲劳甚至抑郁等不良反应。引起这些不适的罪魁祸首是什么呢？是螨虫。50% ~ 80% 的哮喘和感冒都是由床上的螨虫引起的。

压力对皮肤的影响

压力和皮肤之间的关联已经被科学证明，你在日常生活中也一定感觉到了二者之间的联系。一场重大会议前几分钟、第一次约会时、受到大的惊吓时，总之在压力飙升的场合下，你的皮肤就会做出相应的反应：大量出汗，满脸通红或脸色惨白，发疹，汗毛竖起等。压力还会引发一些皮肤病（皮质醇激增后尤其容易引发痤疮）并加剧其他疾病。

所以，压力不利于维持皮肤健康。以下五条建议有助于缓解压力。

冥想。不管你每天多忙，一定要挤出一小段完全属于自己的时间，哪怕只有十分钟。找一个安静的地方，放松精神，开始冥想。有些人喜欢在别人的引导下进行冥想（手机上可以下载许多此类应用软件），有些人则喜欢无声的环境。冥想期间可以祈祷、静心、沉思，也可以什么都不做。重要的是每天都留出这样一段时间。假以时日，你会对这项活动的效果大吃一惊。

每日感恩。研究表明，“表示感谢”这样一个简单的举动就能减轻压力。你可以在床头柜上放一个日记本，一天结束之际，在上面写下自己今天感恩的三件事。关注那些微不足道的举动和容易被忽视的细节，眼界不要局限于身边的人和工作。例如，今天上班路上顺畅无比，几乎没有车；你醒来时看到了湛蓝的天空……多多关注那些使你的生活变得丰富的小事。

多运动。动起来！每天！体育锻炼能够产生内啡肽，它又被称为“快乐激素”。如果你时间紧张，只能挤出十五分钟的时间，那就去散个步，坐着拉伸一下，做几个俯卧撑，或做一段瑜伽。如果能去健身房就更好了。没有时间的话，在自家客厅或办公室也一样可以锻炼。重要的是让身体动起来。

使用精油。香薰是植物界的超级明星，它已经被临床试验证明具有舒缓神经的效果。薰衣草、柑橘、橙花在舒缓神经方面效果显著。

薰衣草、柑橘、橙花在舒缓神经方面效果显著。

勤于自省。花些时间记录某个人、某个地方或某个物品引发的情绪和感受。是不是某个同事惹你生气了？你并不能改变他人，却可以反思自己看待某个事物的方法。2013 年的一项科学研究表明，经过八个星期的自省冥想训练，受试者的扁桃体有所缩小。扁桃体不仅与大脑密切关联，也与恐惧和激动的情绪有关，还负责身体对压力的回应。请不要忘记，压力来自你对某一情况的认知。我们可以选择让压力占上风，也可以选择战胜压力，保持心理和身体的健康。

去散个步，坐着拉伸一下，做几个俯卧撑，或做一段瑜伽。

污染与皮肤

世界卫生组织的一份报告显示，世界上 92% 的人口居住在空气质量不达标的地区。不同地区的污染程度天差地别，幸运的是，我所在的加拿大魁北克省环境质量优异，并不存在污染问题。但我并不能掉以轻心，污染正在蔓延，车辆数量与日俱增，烟雾污染事件频频发生。气候变暖更让环境问题雪上加霜。当看到这些环境污染的报道时，我仿佛看到了伤痕累累的地球。

城市的灰尘中包含 224 种有害化学物质，其中既有芳香烃，也有杀虫剂，还有重金属。虽然大多数颗粒污染物体积较大，并不能穿透皮肤，但仍有数种颗粒物极小，能够穿透皮肤表皮层。

这些污染物分为两类：一类是“一次”污染物，另一类是“二次”污染物。由人类活动（工业生产、交通工具排放等）直接产生的污染物被称为“一次”污染物。此类污染物中最常见的有二氧化硫和氮氧化物。“一次”污染物在高温或光照条件下发生化学或光化学反应，就会生成“二次”污染物。夏天，汽车排放的尾气聚集在空气中，在炎热的天气下变成毒性更大的气体，就属于“二次”污染物生成的情况。臭氧是“二次”污染物中危害最大也最广为人知的一种。

空气质量与皮肤状态

如果认为空气污染对皮肤没有伤害，那真是大错特错了。空气污染对皮肤造成的危害数不胜数，可能引发疲劳、老化、敏感、脱色（类似灰白的色调）、粉刺、干燥、荨麻疹、湿疹，甚至癌症。所以，空气污染不仅是美容护肤的敌人，更是对整体健康实实在在的威胁。

自我防护

然而，不幸的是，完全避免空气污染的毒害是不可能的。与其想着怎样躲避污染，不如培养几个好习惯来降低污染带来的伤害，如多吃富含抗氧化物质的食物，在此基础上根据个人需求补充其他营养物质，彻底清洁皮肤，使用被经验证明能够对抗常见有害物质的护肤产品。

防晒

众所周知，当皮肤暴露在阳光下时，一定要做好防晒措施。加拿大癌症协会指出，三分之一的癌症都是皮肤癌，其中80%~90% 的肿瘤是由紫外线照射引起的。20 世纪 90 年代出生的加拿大人罹患皮肤癌的风险是 20 世纪 60 年代的三倍左右（六分之一对比二十分之一）。

习惯于每年去度假的人要注意防晒，不要轻信一些不科学的防晒方法。

防护机制

常见的防晒霜含有能够吸收阳光的物质，由此达到降低阳光伤害的效果。根据吸收 UVA 还是 UVB，防晒霜分为：防 UVA（95% 到达地球表面的紫外线为 UVA，其波长较长，可直达皮肤的真皮层，造成皮肤老化，长期大量照射，还会导致皮肤癌）防晒霜；防 UVB（5% 到达地球表面的紫外线为 UVB，其波长较短，能穿透表皮层，将皮肤晒黑、晒伤）防晒霜；全光谱防晒霜（两种紫外线都能吸收）。

20 世纪 80 年代，研究就证明了紫外线对皮肤癌的诱发作用。人们开始了解到，防晒霜不但可以防止晒伤，还能预防皮肤老化和黑色素瘤。

请严格遵循以下四条建议。

1. 做好物理防护，出门可使用遮阳帽、冰袖、防紫外线衣、遮阳伞。

2. 避免在 10—16 点长时间暴露于阳光下。

3. 如需外出，请涂抹全光谱防晒霜，接触阳光的部分都要涂抹，嘴唇也不例外。如果要进行户外运动或游泳，请涂抹防水防晒霜。

4. 出门前十五分钟涂抹防晒霜，每两小时补涂一次，如需进行户外运动或游泳，请增加补涂次数。

都记住了吗？如果记住了，那么你已经掌握了最重要的部分。现在，我们来进一步了解一下防晒的机制。

著名的防晒系数

很多人认为，防晒系数越大，防晒力就越强，比如大家普遍觉得防晒系数为 60 的防晒霜的防晒力就是防晒系数为 30 的两倍。逻辑上看起来似乎是这样，但这种解读实际上并不完全正确。

这个数字代表涂抹这种防晒霜和无任何防护两种情况下皮肤暴露在阳光下不会晒伤的时间比值。比如涂抹防晒系数为 15 的防晒霜和没有任何防护的情况相比，暴露在阳光下且不会晒伤的时间比为 15。

这只是从理论上来说，由于影响皮肤的因素众多，比如每天的紫外线强度不可控，每个人的皮肤类型不同，是否出汗等，因此现实中的情况也就更加复杂。不为人知的是，防晒系数其实还客观反映了另一种指标——UVA 的阻挡比例。

我们可以从表格中看出，防晒系数为 30 和防晒系数为 60 的防晒霜在阻挡 UVB 的比例上相差还不到 2%。所以，数字容易造成误解，问题在于，涂抹防晒系数高的防晒霜会给人一种错误的安全感，反而使人更容易忘记补涂，或长时间待在太阳底下，这更加不利于保护皮肤。

防晒系数	UVB 阻挡比例
8	88%
15	93%
30	97%
50	98%
60	98.3%

总之，正常情况下每两个小时涂抹防晒系数为 30 的足量（2mg/cm^2）防晒霜就足以保护皮肤。

防晒霜种类

防晒霜分为两类：化学防晒霜和物理防晒霜。其中，化学防晒霜吸收紫外线并将其转化为热量，通过**过滤**的方式实现防晒。也就是说，使用化学防晒霜时光线仍会穿过皮肤。化学防晒霜中的活性物质成分包括阿伏苯宗、胡莫柳酯、奥克立林、水杨酸辛酯、甲氧基肉桂酸辛酯和氧苯酮。加拿大卫生部将这些成分列为药品范畴，含有此类成分的产品都标有药品识别码（DIN）。

而物理防晒霜则将紫外线**阻挡**在表皮层之外：物理防晒霜中的矿物质能形成一面防护盾，将紫外线反射回去。物理防晒霜中最主要的两种成分是氧化锌和二氧化钛。加拿大卫生部将这两种物质界定为自然成分，所以含有此类物质的物理防晒霜上标记的是天然产品码（NPN）。

还有一些防晒霜同时含有物理防晒成分和化学防晒成分。

活性成分的功效与环境污染

防晒霜产业的广告效应巨大，因为无论是健康行业的专业人士、公共卫生机构，还是其他权威机构都在反复强调一点：防晒非常重要。

令人惊讶的是，对于防晒霜中主要

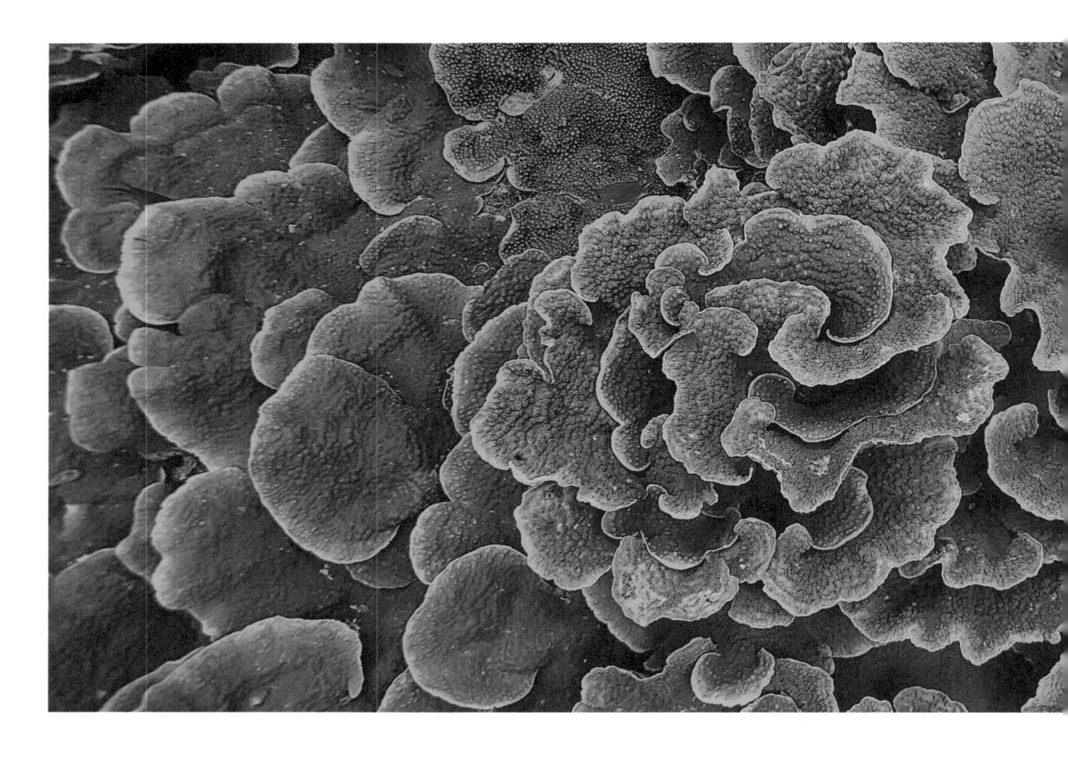

成分的功效和无害性研究却非常缺乏。以氧苯酮为例：人们认为这种成分对环境有害，怀疑它对人体尤其是儿童有害，三分之二的化学防晒霜都含有这种成分，但关于其无害性的科学研究极其缺乏。美国食品药品监督管理局作为防晒霜产业的管理机构，似乎终于开始着手对其进行详细的研究了。这次研究的对象涉及十多种活性成分，其中就包括氧苯酮。但美国那些防晒霜生产大集团得益于当前人们模糊的认知和宽松的监管环境，（至今为止一直成功地）向美国食品药品监督管理局施以重压，试图劝说其不要对繁荣发展的防晒霜产业加

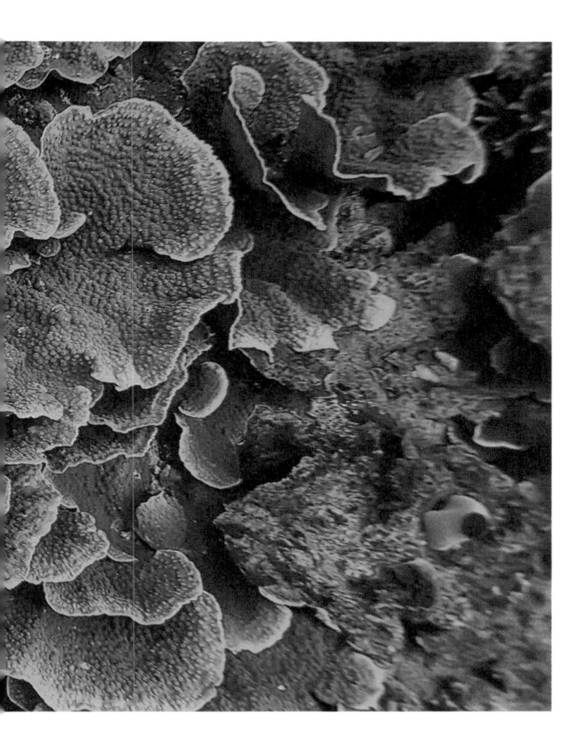

以限制。

幸运的是，情况正在缓慢好转。2018 年，在美国夏威夷通过的一项法案，禁止在防晒霜中添加氧苯酮和甲氧基肉桂酸辛酯，这两种成分会污染珊瑚礁。此法案于 2021 年正式生效。一些阳光充足的地区，要求它们的游客只能使用可生物降解的防晒霜。

防晒喷雾也应该受到严格规范。大量喷雾式防晒霜并没有喷在我们的肌肤上，而是落在了四周的沙滩上，最终被海水冲走。每年有一万多吨防晒霜进入海洋。

现有研究表明，既能有效防晒又对人体和环境无害的成分只有两种——氧化锌和二氧化钛，这两种物质是物理防晒霜的主要成分，都能被生物降解。所以，当那些公司号称他们的产品“对珊瑚礁无害”时，请不要轻信。有些防晒霜含有氧苯酮，这是大自然瑰宝——珊瑚礁的头号敌人。这些防晒霜是环境污染的元凶。

体育运动

越来越多的人开始意识到体育运动对身心健康的益处。

运动时身体会释放一种天然镇痛剂——内啡肽，跑步之后那种愉悦的感觉就来源于这种物质。内啡肽能够减小人们感受到的疼痛强度，并使人在运动过后产生一种放松的感觉。内啡肽还是缓解抑郁的一剂良药。高强度的有氧运动能够有效释放内啡肽，调节皮质醇水平。

体育运动还能消除压力和饮食不良引起的炎症，调节与皮肤密切相关的多种激素，预防与自由基相关的疾病。运动期间，体内被运送至皮肤的营养物质能促进成纤维细胞更有效地运转，使肌肤更加年轻、柔软并富有弹性。成纤维细胞是皮肤中生成胶原的一类细胞，随着年龄增长，成纤维细胞的数量会逐渐减少，活性也会降低，所以刺激它们更高效地生成胶原就成了维持肌肤年轻状态的秘诀。

运动和皮质醇之间的关联如今已被人们知晓。皮质醇长期维持较高水平，可能会使白细胞数量减少，妨碍抗体生成，这样会降低机体的免疫力。而体育锻炼则能将皮质醇维持在一个健康的水平。如果坚持定期锻炼，那么你的身体就会有效地调节皮质醇水平，这种情况不仅会发生在长时间的体育锻炼期间，也会发生在诸如公共场合发言的紧张情况下。所以，你的身体越健康，就越不容易在承受压力的情况下释放过多的皮质醇。

运动就会出汗。出汗是一种自然的身体机能，能帮助调节体温。当体温超过 37 摄氏度时，大脑中的温度调节器——下丘脑就会给出激活汗腺的指令，汗液的蒸发能降低皮肤温度。

多种常见的体育活动都对皮肤有明显的影响。例如，拳击的激烈对抗会提升皮质醇和睾酮水平。所以不要选择这种激烈运动，而是选择一些能让人放松、平衡的运动项目。

运动时产生的汗液来自外泌汗腺，这种汗液的主要成分是水。经历某些强烈情绪比如恐惧时，人体也会出汗，由此产生的汗液来自大汗腺，大汗腺主要集中在腋下。这种汗液包含的水分、脂类、蛋白质和胆固醇是皮肤细菌的“好食物”，而皮肤细菌会产生“废料”。汗液的异味就来自这些“废料”。运动产

生的汗液实际上是无味的。

与大众认知相反，体育运动并没有任何为皮肤“解毒”的功效，只有肝脏才具有“中和”毒素的功能。但是，运动能加速血液流动，有助于机体细胞排出“废料”。

运动与皮肤

除了已被证实的种种好处，运动还有一种神奇的功效：运动时血液和氧气涌上面部，瞬间会使人容光焕发，这种效果在运动过后还能持续好几个小时。

定期运动带给皮肤的好处不仅仅局限于美容层面。在运动时，皮下的毛细血管会扩张，因此更多的血液可以到达皮肤表面，为皮肤输送养料，修复日晒和环境污染造成的损伤。这些养分还能刺激胶原蛋白产生，防止皱纹的出现。

你可以选择打网球、骑自行车、在公园中慢跑，这些运动都能增强心脏和肺部功能。很快你就能发现运动为身体和精神带来的种种好处！

你是否患有玫瑰痤疮？运动时体温上升和血管扩张可能会加重这一现象。所以，为了避免病情加重，请选择在凉爽的地点进行运动，并在锻炼后立刻对病患部位进行冷敷。

季节变化

我所在的国家四季分明，毫无疑问，这是它最大的魅力之一。四季景色各异，气候和温度也不尽相同。换季期间皮肤也会受到影响，气候稍有变化，皮肤的需求就会随之改变。

夏季皮肤干燥和冬季皮肤缺水不是同一种现象。

从夏季到秋季，再到冬季，气温和湿度迅速下降。我们的生活也开始随之改变：屋里和车里开暖气，用长围巾裹住脸，室内室外温差大。所有这些因素都会使皮肤变得更加脆弱，皮肤缺水风险上升，进而导致皱纹产生，甚至引发炎症。

春夏之交，天气开始变热，空气湿度也开始上升，你会感到皮肤变得更油腻和厚重。表皮层在换季时期会尽力适应这种变化。

季节性护理

在夏季，每天至少使用一次强力去污清洁产品，从而去除皮肤上多余的油脂。像芦荟这种清爽舒缓的成分尤其适合在炎热潮湿的那几个月使用。

随着气候越来越凉爽干燥，皮肤需要额外补水，可以混合使用洁面乳和洁面霜。

夏季皮肤干燥和冬季皮肤缺水不是同一种现象。在冬季，当皮肤有皲裂、发炎的倾向时，选择补水能力强的护肤品，可以帮助皮肤对抗大风和寒冷。

夏秋交替和冬春交替之际，有一种很好的皮肤护理方法，就是将两种不同时期的护肤品混合起来使用。把夏季使用的爽肤水和冬季用的乳霜状润肤水混合在一起，这样在补水的同时也能保持皮肤清爽。

不管什么季节，只要不盲目应对，顺应自然的变化，就能有效地进行皮肤护理。毕竟，大自然的反复无常也正是它的魅力所在。

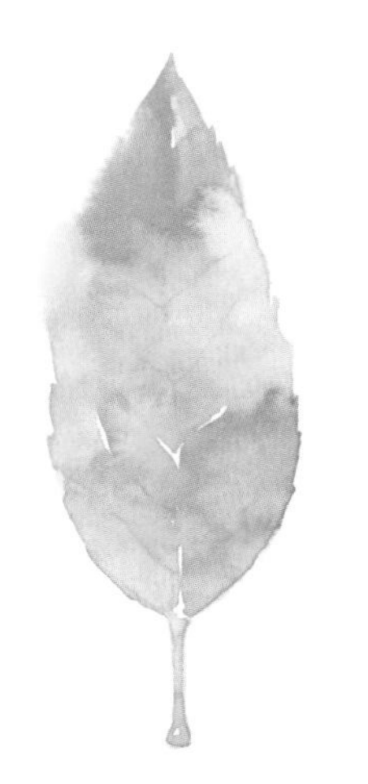
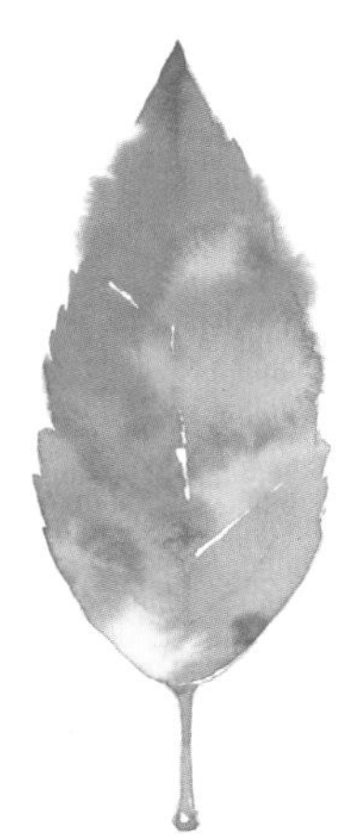
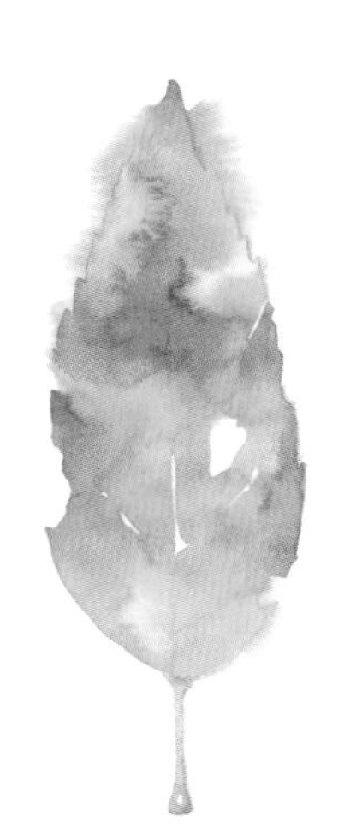
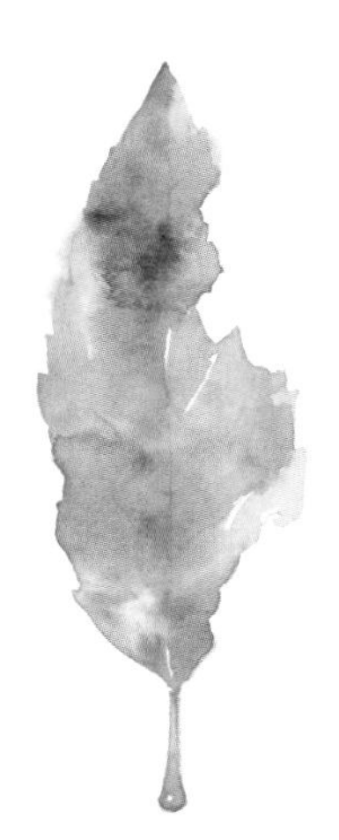

你是否会在炎热的天气穿上厚重保暖的冬靴去徒步远足呢？当然不会。其实这和护理皮肤是一个道理：根据不同的地点选择不同的护理方法。如果去爬山，就需要带上保湿霜以防止皮肤干燥。如果去海边度假一个星期呢？除了防晒霜，再带上一瓶精华或夜间舒缓油用来修护皮肤。

另外，不要忘了飞机上关于携带液体的体积限制。在机场安检前一定记得这条规定，不要因为只是超了几毫升，就不得不扔掉整瓶昂贵的保湿水。

是真是假

瓶装水比自来水更好吗？一般来说，自来水和瓶装水一样，都能满足人体的各项需求。但瓶装水更贵，还要耗费大量资源进行装瓶、包装和运输，喝完之后还要进行空瓶回收和处理。

防晒系数为 60 的防晒霜能阻挡所有紫外线吗？防晒系数高的防晒霜往往给人一种虚假的安全感，人们以为抹上这种防晒霜，就可以肆无忌惮地长时间暴露在阳光下。这样不仅有晒伤的风险，还会让皮肤吸收大量 UVA。大家需要注意一点，任何防晒霜，无论它的防晒系数是多少，都不能屏蔽所有 UVB。那么该如何选择防晒霜呢？防晒系数在 30~50 的防晒霜最为合适，皮肤最敏感的人群也同样适用。无论何时都要避免长时间暴晒。

高温会降低防晒霜的效力吗？是的。如果在七月炎热的天气下，你的防晒霜放在车里，在大太阳下晒了整整一天，防晒霜中的成分就很可能已经失效，不能提供正常的防护了。

为了延长睡眠时间，不起床做运动是错误的吗？我知道大家常听到的建议和我所说的可能会有出入，但我还是建议大家在没有得到充分休息时不必起床。睡眠是我们身心健康最基本的保障。而且睡眠期间大脑处于十分活跃的状态，如果减少睡眠时间，可能会加重或造成肠腔疾病，所以请尽量保证每晚

七到八小时的睡眠！

压力和皮肤状态之间没有关联吗？ 不是的。事实上，由现代生活压力引起的问题数不胜数。大量研究都证明了压力水平和某些表皮疾病之间存在着直接的因果关系。

如果没有化妆，晚上就不需要洗脸吗？ 错误！很多女性都犯了这个相同的错误。如果你认为看不见脏东西就说明脸上很干净，那你就错了。经过一天的奔波，来自空气中的污染物、死去的表皮细胞和其他脏东西都积聚在你的皮肤表面，所以睡前一定要洗脸，这样才能保证皮肤的清洁。

蓝光有害吗？ 对于这一问题各方意见不一，在情况不明的条件下，我还是建议大家最好避免长时间接触电子产品的蓝光照射，因为蓝光可能不仅对视网膜有害，还会危害皮肤。然而，抗氧化物尤其像叶黄素和葡萄多酚这种来自植物色素的抗氧化物，对保护皮肤很有帮助。但保持健康最有效的方式，还是将设备调节到黄光模式（夜间模式）。

尽量保证每晚七到八小时的睡眠！

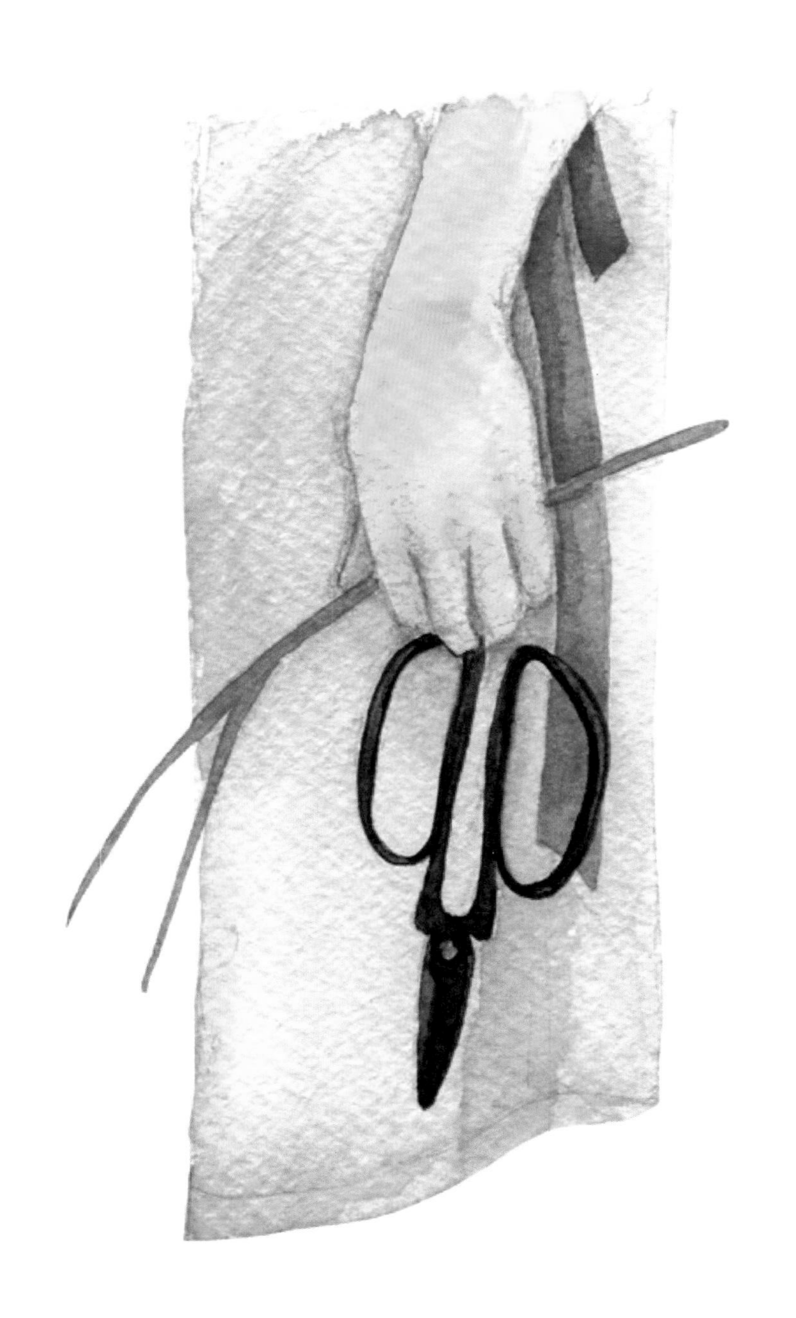

西方医学之父希波克拉底曾说过这样一句名言：“食物是唯一的良药！”时至今日，任何一位医生在从医之初都要宣读希波克拉底誓言，这已经成为一种传统。

当然，我们不能仅按字面意思片面地理解这句话，但我们所吃的东西对皮肤健康确实有一定的影响。某些皮肤病确实可能是由某些食物引起的，因此我们可以在某种食物和某种特定的皮肤反应之间建立因果关系，比如食用富含蛋白质、维生素和矿物质的食物对皮肤有益。

但营养学还是一门年轻的学科，各个思想学派对此学科的见解并不统一。以下是我为顾客和自己总结的一些公认的结论。

吃什么

小型水果

蓝莓、覆盆子、草莓、酸果蔓、桑葚……这些小个头的水果不仅放在货架上秀色可餐，放进嘴里也酸甜可口，而且对健康大有裨益。这些小型水果不仅具有极高的营养价值和抗癌功效，还具有抗氧化功能，能够减轻皮肤氧化程度。同时，这些水果具有轻微控制血糖的功效，据说还能够防止痤疮。大家可以放心大胆地多多食用此类水果。

> **ω-3 脂肪酸是膳食平衡中不可或缺的一部分。**

ω-3 脂肪酸

ω-3 脂肪酸是膳食平衡中不可或缺的一部分。这些有益脂肪酸能从内部修复皮肤，从而防止在出现各种皮肤病（例如痤疮）后留下瘢痕。

哪些食物含有这种成分呢？沙丁鱼、鲭鱼、鲑鱼、虹鳟鱼等富含脂肪的

鱼类，鸡蛋（散养鸡蛋最佳），以及牛肉。ω-3 的植物来源有蔬菜、植物油、核桃油、新鲜核桃、亚麻籽、豆腐和黄豆。

姜黄

姜黄也被称为印度藏红花（这个名字使人浮想联翩），富含微量元素，对皮肤极有好处。姜黄还有消炎的作用，能提高人体对胰岛素的敏感性。这种食材也能给炖菜增色。

碳水

你可能会下意识地将碳水和糖联系在一起，认为它是有害健康的成分。这种观点很普遍。我们需要将简单碳水和复杂碳水区分开来。简单碳水包括蔗糖、果糖和其他类型的葡萄糖，这些才是我们平时所说的需要控制摄入的糖类。

复杂碳水则是另一种类型的物质，它存在于谷物、坚果、豆科植物和非转基因水果蔬菜中。复杂碳水不会迅速升高血糖，富含纤维，对皮肤很有好处。

不吃什么

单糖

富含支链淀粉的食物，如面包、面粉、大米饭，都容易使血糖上升。摄入的糖分促使胰腺开始分泌胰岛素，这种激素能够降低血液中的葡萄糖水平。但胰岛素的分泌也会刺激皮脂腺分泌皮脂。少量皮脂能防止皮肤干燥，但皮脂分泌过多就容易产生痤疮。

总之，请尽量避免摄入单糖，很快你就能感受到由此带来的好处，这种好处不只体现在皮肤上。

ω-6 脂肪酸

ω-6 脂肪酸本身并无坏处，但要控制摄入量，要和 ω-3 脂肪酸一起均衡摄入并尽量选择优质的来源。首选核

总之，请尽量避免摄入单糖。

桃、核桃油、葵花子和南瓜子。但是，有人认为豆油、葵花子油和玉米油容易使皮肤发炎。这一点目前虽然并没有定论，但如果你有皮肤问题，最好避免这些食物。

蛋白粉

注意不要摄入过量的蛋白粉！蛋白粉或许能够补充营养，但牛肉甚至蝗虫肉都一样可以提供优质的蛋白质。如果你正在进行肌肉锻炼或有一套严格的健身计划，想尝试这种食物，你需要知道蛋白粉可能会使皮肤干燥、暗淡、长粉刺。

维生素与矿物质

20 世纪 90 年代，护肤领域有了许多重大发现。人们发现了维生素 A、维生素 B、维生素 C、维生素 E，这些维生素在预防皮肤早衰以及保护皮肤免受紫外线和污染的伤害方面起着至关重要的作用。同时，锌和铁等矿物质对皮肤也有很多好处。如今，维生素和矿物质已经成为皮肤护理的核心物质。

维生素 A 这种合成维生素已经成为人体健康和皮肤美容方面的“万能药”。

维生素 A

维生素 A 这种合成维生素已经成为人体健康和皮肤美容方面的“万能药”。确实，维生素 A 有许多功效，令人难以置信的是，它对于治疗皮肤病也有奇效。维生素 A 能够去除皮肤杂质、黑头，还能防止细小粉刺的产生。它有助于小血管生长，能够刺激胶原蛋白合成。在维生素 A 的众多功效中，还有一项尤其受到女性关注，那就是延缓衰老。

维生素 A 广泛存在于胡萝卜、蛋黄、全脂乳制品、黄油、牛肝和鱼肝油等食物中。但请注意，维生素 A 具有光敏性，如果需要进行激光脱毛，则不宜食用过多富含维生素 A 的食物。

维生素 B_1

维生素 B_1 也被称为硫胺素，有助于脂肪生成和蛋白质的代谢。它能维持皮肤的柔嫩状态和张力。

全麦面包、芝麻、豆类、苹果和猪肉都含有维生素 B_1。

维生素 B_2

维生素 B_2 能促进皮肤再生，延缓皮肤衰老。

杧果、四季豆、干酪和酸奶富含维生素 B_2。

维生素 B_3

维生素 B_3 参与胶原蛋白的合成。它还能延缓黑色素向皮肤表面的聚集，从而预防并治疗高度色素沉着。维生素 B_3 能增强皮肤屏障功能，保持皮肤水合平衡。

禽肉、鱼肉、蘑菇、榛子都含有维生素 B_3。

维生素 B_5

此维生素有利于瘢痕愈合，促进皮肤和黏膜再生。

含有维生素 B_5 的食物包括芹菜、油梨、花椰菜、奶制品、动物内脏和粗粮。

维生素 B_6

维生素 B_6 是对机体最重要的维生素之一。它参与蛋白质的合成和分解。

奶制品、肉类、动物内脏、蛋黄、油梨、鱼类、莴苣和粗粮都含有维生素 B_6。

维生素 B_8

这种维生素对皮肤十分重要。人缺乏维生素 B_8，易出现皮肤病并发症，常见病症为皮疹。

注意在饮食中补充内脏、蛋黄、沙丁鱼、蘑菇、香蕉、四季豆和小扁豆。

维生素 B_9

维生素 B_9 是细胞生长和再生过程中的重要物质。

哪些食物含有这种维生素呢？内脏、干酪、笋瓜、红菜头、芦笋、绿色蔬菜和水果。

维生素 B_{12}

维生素 B_{12} 有助于细胞正常繁殖，对于大脑和神经系统的正常运行至关重要。注意，素食者易缺乏维生素 B_{12}。

肉类、内脏、蛋类、奶制品是维生素 B_{12} 的优质来源。

维生素 C

维生素 C 是一种强力抗氧化剂，对机体发挥多种重要功能至关重要，例如伤后免疫系统和组织的修复。

除了能预防坏血病和降低多种慢性病的发病风险，维生素 C 对于皮肤健康也至关重要。它能提亮肤色，预防皱纹产生并促进胶原蛋白的合成。

柑橘类水果、柿子椒、韭葱和花椰菜等蔬菜都富含维生素 C。

维生素 D

维生素 D 有益于骨骼、牙齿、牙龈和皮肤健康。它作用于皮肤细胞的生长、修复和代谢过程。因此，维生素 D 能够维持皮肤健康并促进皮肤再生。

人体完全可以通过日晒产生足够的维生素 D 以供自身使用！事实上，中午将手、胳膊和面部暴露在阳光下晒五分钟，每周晒两到三次，就能满足身体对维生素 D 的需求。另外，很多食物也含有维生素 D，如奶制品（普遍富含维生素 D）、鱼类、鸡蛋和鱼肝油。

维生素 E

维生素 E 是一种优质抗氧化剂，能够延缓细胞衰老，预防心血管疾病，维持肌肤弹性。它还能降低皮肤对水的渗透性，保持皮肤湿润。

橄榄油、葵花子油或麦芽油都富含维生素 E。

辅酶 Q_{10}

辅酶 Q_{10} 具有抗氧化性，能够预防牙龈疾病。

动物内脏和富含脂肪的鱼类都含有此成分。

铁元素

铁元素能促进细胞氧合作用，维持细胞正常运行。

富含铁元素的食物包括小扁豆、黄豆、生蚝、小米、肉类和血肠。

年轻女性在月经初期会流失部分铁元素。如有必要，请向营养师咨询铁元素补充建议！

锌元素

锌元素有助于人体抗感染并能促进细胞生成。它是伤口愈合和 DNA（脱氧核糖核酸）生成的必要物质，DNA 是所有细胞中的遗传物质。锌参与弹性蛋白的合成，弹性蛋白是皮肤弹性和紧实度的决定因素。另外，锌还参与角蛋白生成，此物质对于维持皮肤、头发和指甲的健康不可或缺。

氧化锌具有抗菌消炎作用，能治疗痤疮和湿疹，舒缓严重病变的部位。

富含锌元素的食物包括小扁豆、生蚝、牛肝、猪肝和麦芽。请注意，动物性食物中的锌元素比植物中的更易被人体吸收。

硒元素

硒元素能促进人体提升免疫防护功能，有助于皮肤的晒后修复。

硒元素的来源有巴西果、海鲜、鱼类、内脏、鸡蛋、小扁豆和干酪。

多不饱和脂肪酸

多不饱和脂肪酸是细胞膜的组成部分，对于机体的运行不可或缺，人体不能自然产生多不饱和脂肪酸，所以需要依靠食物进行补充。肉类、鱼类、鸡蛋、蔬菜、葵花子油和植物油都含有多不饱和脂肪酸。毛细血管的生长和敏感皮肤的护理都需要足量的多不饱和脂肪酸。

缺乏多不饱和脂肪酸会导致皮肤干燥，易患银屑病和湿疹。除了多吃富含多不饱和脂肪酸的食物，还可以用富含多不饱和脂肪酸的护理油按摩皮肤，以缓解皮肤干燥和炎症。

喝水的好处

补水对于我们的健康至关重要。要知道，我们的大脑中 75% 都是水，摄入足量的水分有利于大脑的正常运转，能够提高认知能力，改善短时记忆、长时记忆和专注力。而缺水则可能导致疲劳、头痛、丧失活力、无精打采。

肌肤保湿的关键在于摄入足量的水并尽量减少水分的流失。

如果你的皮肤有鳞屑、干燥、紧绷、失去弹性等，就说明皮肤已经处于缺水状态。皮肤缺水会变得暗淡，还会出现皱纹和黑眼圈。与之相反，充分保湿的皮肤明亮、丰润、有光彩，也就是我们常说的“容光焕发”，这样的皮肤能更好地反射光线。

你天生属于干性皮肤还是敏感性皮

肤？补水对于这两种皮肤很重要。当你长湿疹、患银屑病时，会出现跨表皮水分流失的问题。肌肤保湿的关键在于摄入足量的水并尽量减少水分的流失。

我们每天需要补充多少水？答案是1.5~2 升。如果活动量增大或天气炎热，补水量还要增加。我的女性顾客在接受多喝水的建议后，仅仅几天之内皮肤就发生了喜人的变化。

多喝水的八个好处

有助于保持健康的体重。饭前喝水能够帮助去除脂肪中的副产品，减轻饥饿感，控制食欲。另外，水能加速新陈代谢，而且不含任何热量！

降低肾结石和尿路感染的风险。喝足量的水能够减少血钠（血清中的钠离子），还能帮助预防肾结石。

改善气色。水能滋润皮肤，使肌肤水润、柔嫩、有光彩。

保持身体规律。水有助于食物消化，还能预防便秘。

强化免疫系统。喝水足量的人不易生病，在患流感或突发心脏病等其他疾病后也更容易恢复。

自然缓解某些疼痛。很多头痛都是缺水引起的，所以多喝水能缓解和预防头痛。偏头痛也是同样的情况。另外，水对肌肉有益，所以喝水也有利于背部肌肉的健康。

防止抽筋和扭伤。充分补水有助于保持关节润滑，使肌肉更富弹性，因此能够减少抽筋和关节问题的出现。

使感觉向好。饮用足量的水，你会感觉自己的身体和头脑都变得更好了！

不要轻信社交网络上的信息！很多知名博主在网络上发布了不少护肤建议，在他们的建议中，营养品或节食似乎成了解决一切皮肤问题的万能方法。

我再强调一遍：没有万能的方法。你想拥有光滑耀眼的皮肤和柔软丝滑的秀发吗？就算吃这种维生素，加那种补品，你的梦想也不可能一下子成真。如果你被诊断为缺乏维生素，请不要自行进补，应遵循医嘱。

很多女性并没有意识到节食、不良饮食或巨大压力带来的不良后果。显而易见的是，当营养摄入不足时，你的头发也会失去滋养，那么它们的健康也就岌岌可危了。

所以请保持健康多样的饮食。如果需要建议，也请向知名的专科医生咨询，而不是在网络上随意浏览！

每天喝八到十杯水能帮助皮肤排毒吗？喝水能改善肤色或面色，具体说来就是能使皮肤表面更水润，能最大限度地缓解痤疮或其他皮肤炎症。很多非科学性媒体（美容健康杂志、社交媒体等）虽然缺乏科学佐证，仍建议每人每天喝八到十杯水，这会帮助皮肤排毒并使面色光彩照人。水是维持身体和皮肤健康最重要的物质。

皮肤中 30% 的成分是水，正是这些水分保证了皮肤的饱满和弹性。角质层的细胞结构和皮肤中的脂类是人体的防水层。人体因出汗而流失的水分相对于皮肤表面失水，可以忽略不计。所以皮肤干燥通常是由空气干燥、长时间接触热水、使用香皂、治疗和药物等原因引起的。

我通过超声检查发现，之前喝水不足的人在多喝水后，皮肤厚度和密度都有所提高。多喝水还能补充表皮流失的水分，提高皮肤水合程度。其他影响衰老的因素还有基因、光照和环境伤害。因此，对于已经摄入足够水分但是皮肤仍干燥的人来说，应该使用适合自身肤质的润肤霜来加强皮肤屏障。

给肌肤补水，喝水就足够了吗？水对于皮肤来说必不可少，但仅仅喝水还不够。皮肤还需要补充多不饱和脂肪酸，这种物质能生成我们所说的有益脂肪，将水分锁在皮肤之中。

吃巧克力脸上会长痤疮吗？没有任何证据证明巧克力会引发痤疮。

但是有的科学机构认为某些种类的巧克力对健康更加有益。黑巧克力中可可含量不低于 70%，含糖量更少，有利于心脑血管健康，还能防治某些癌症。

抗皱“套餐”可以预防皱纹吗？多吃蔬菜、豆类和橄榄油确实能起到延缓皮肤衰老的作用。但抗衰老还需要改掉不好的生活习惯，比如暴晒和吸烟，这些都是导致衰老的重要原因。

维生素 B_8 对头发健康来说必不可少吗？我们经常会看到文章中写维生素 B_8 有助于头发生长，能让头发变得更加健康强韧。然而这种说法并没有得到任何科学数据的支持。

头发的健康生长离不开蛋白质、多不饱和脂肪酸、维生素（其中也包括生物素）。这些营养物质在羊肉、猪肉、黄豆和小扁豆中尤为丰富，通过微循环被运送至发根。身体健康的人不需要额外补充这些营养。

饮食和痤疮之间没有关联吗？某些食物尤其是精制糖和淀粉含量高的食物（甜食、面包、大米等）会加重痤疮和瘢痕。某些多不饱和脂肪酸可能会使炎症加剧，如葵花子油和豆油，不过这一结论有争议。

减少摄入以上食物的同时，请多吃蔬菜！人体还需要补充蛋白质和优质脂肪，其来源包括橄榄油、油梨、核桃和椰子。

避免摄入麸质有助于减肥和护肤吗？是的。如果你只吃水果和蔬菜这些不含麸质的食物，确实会瘦下来。但是，很多不会转化为麸质的食物含有较多糖和脂肪，并且缺乏膳食纤维。

> **乳糖不耐受患者不能正常地消化小麦这类食物。我也是一名乳糖不耐受患者，这波无麸质饮食的风潮让那些真正的乳糖不耐受患者很是担忧，我们这些腹腔病患者的特殊食谱已经变成了普通人的日常饮食。**

但大家需要知道，这种主要针对乳糖不耐受人群的无麸质饮食并不一定是正常人的最佳选择。

皮肤和碳水之间没有关联吗？当我们说起碳水时，总会联想到腰围和体重。其实和碳水联系更紧密的是皮肤。像精制糖（白糖、甜点、糖果）这类升高血糖的食品容易引发痤疮，加重衰老现象。

简单碳水会使胰岛素水平飙升，引发身体炎症。炎症产生的酶会使胶原蛋白和弹性蛋白减少，进而导致皮肤凹陷，产生皱纹。所以尽量减少摄入碳水，而要多吃不易升高血糖的食物，例如新鲜的水果蔬菜、豆类、坚果类、杂粮类和全麦面包。

天然糖有别于精制糖，不会危害皮肤健康吗？天然糖也是糖！就像上文说的那样，糖类容易引发身体炎症，对皮肤的影响尤其巨大。所以不管是何种形式的糖，都要尽量减少摄入。

我认为化妆就是给自己戴上一个面具，每当我看到一个浓妆艳抹的女人时，我都会思考她到底想遮盖什么。我的护肤方法非常简单：几乎不做多余的护理，只做最重要的。人们总是将护肤理念复杂化，使用过多的护肤品。而他们这样做往往只会加重皮肤问题，然后又跑到护肤品店，再买更多的面霜，如此恶性循环。

要好好护理皮肤，但过犹不及。

化妆品的历史

几千年前，皮肤护理就已经成为人们尤其是女人日常生活中的一部分了。让我们回溯历史，一探护肤的起源吧。

虽然化妆品可能在很早就已经出现，但有据可考的最早的化妆品出现在五千多年前的古埃及。化妆品不但融入了人们的日常生活，在文化层面也占据了举足轻重的地位。在古埃及时代，美容兼具社会和文化双重属性，代表着一名女性的社会阶层。有研究揭示了化妆在历史中的作用，化妆的历史从人类社会伊始一直延续到今天，从未间断。

古埃及人化妆不但为了变美，还有其他许多目的，其中最重要的一个就是制作木乃伊。这是古埃及人的丧葬传统，也是他们向神明表达敬意的方式。化妆的这种用途距离今天已十分遥远了。与之相比，我们现在使用化妆品的目的就显得有些平平无奇了，比如防晒或滋润。

古埃及人将雪花石膏、蜂蜜和酸奶混合在一起，然后涂抹在皮肤上，再用打磨光滑的石头摩擦皮肤，以此使皮肤变得柔软光滑。

中世纪护肤品传入欧洲后，新的护肤成分和方法随之产生。盖伦冷霜的

首个配方包括玫瑰精油、水和融化的蜂蜡。那时人们用明矾护理结痂的伤口，用捣碎的橄榄核治疗痤疮。当时皮肤增白是一种时尚。伊丽莎白时代，醋和铅混合制成的粉底十分流行，它能遮盖雀斑，但会使脸色变得苍白。应该说，在那个时代人们完全没有洗脸的习惯，更不用说洗澡了，以至这些白色粉底日积月累，使人们的脸色白到无以复加。

那时化妆品的作用包括遮挡雀斑、消炎镇定、修复晒伤和增白皮肤。到了19世纪末，化妆品又被赋予治疗痤疮和湿疹的功能。

到了20世纪，皮肤清洁和分类开始受到重视。人们越来越推崇自然美，与此同时，深度护理皮肤的产品也应运

16世纪，国家肖像艺术馆，伊丽莎白一世

而生。半透明的香粉和无色的乳液大受欢迎，女性越发开始追求“无妆感”的妆面。

让我们再回到肤色这个话题。虽然19世纪末到20世纪初社会进步迅速，但深色皮肤仍被认为缺乏魅力。人们对美白的追求达到顶峰，几乎所有的化妆品都只为浅色皮肤设计。脂粉普遍只有纯白或肉色（白人女性的肤色）两种颜色。20世纪，人们逐渐开始接受深色皮肤，审美趋势和化妆品的供应也随之发生了改变。

阿尔丰斯·穆夏的广告画

如何清洁皮肤

我绝不置疑日常皮肤清洁的重要性。洗脸已经成为我们日常生活的重要部分，甚至产生了肌肉记忆，就像饭前洗手和睡前刷牙那样让人习以为常。但最重要的是，洗脸的方法要轻柔适度。过度清洁反而对皮肤有害，会破坏皮肤表面微生物群的平衡，尤其会破坏细菌的多样性，导致皮肤干燥。

就算没有化妆，也绝不能省去晚间的皮肤清洁！

皮肤清洁能去除皮肤表皮的污垢和皮屑，帮助维持皮肤的屏障功能，为后续的皮肤护理打好基础。

洁肤产品、皮脂和污垢

去除皮肤表面污物的产品，多种多样。一方面，有些污物本身就属于油

性物质；另一方面，皮脂中的大量脂类（油）和积聚在皮肤表面的污物混合后，就把所有污物——无论其本质如何——都转变成了油性物质。皮脂中的脂类在皮肤表面形成一层酸性保护层，使皮肤的酸碱值维持在 5.5 左右。皮脂能加强皮肤屏障，形成防水层，防止皮肤水分流失，从而达到让皮肤保湿的功效。

神经酰胺、胆固醇和游离脂肪酸这些脂肪类物质是构建皮肤屏障的重要成分。皮肤表面包裹着一层水合脂膜，本身就是油性的，所以不使用洗涤产品就很难将皮肤中的脏物清洁干净。

晨间清洁和晚间清洁

就算没有化妆，也绝不能省去晚间的皮肤清洁！晚间清洁能去除一整天积聚在皮肤表面的脏物、颗粒污染物、灰尘和多余的皮脂。

> **干净的皮肤能更好地吸收护肤品，这是皮肤健康、有光泽的保证。**

请用温水洗脸。热水会破坏皮肤屏障，导致皮肤炎症，而冷水又没有足够的软化皮脂的作用，不能完全去除化妆品的残留。

早晨洗脸不必使用肥皂，只需用洗面奶并涂抹面霜即可。这样就能保护面部皮肤的微生物群。

选择正确的产品

护肤品的选择是一项艰巨的任务。市面上存在大量护肤产品，每种产品的功效各异，再加上宣传市场几乎被大企业占领，科学的产品介绍很难到达大众，人们想找到一款适合自己的产品就变得难上加难了。生产商控制着我们想知道的产品信息，如成分、功效和副作用。了解信息并最终做出正确选择的过程就如同打仗一样艰难。然而最重要的还是根据自己的皮肤类型来选择适合自己的产品。事实上，找到适合自己的护肤品只是皮肤保健的第一步。

我建议使用中性且不含着色剂、硫酸盐和香精的洗面奶，这种清洁产品不会破坏水合脂膜和皮肤酸碱值。

如果你是敏感性皮肤或干性皮肤，那么膏状洗面奶比乳状洗面奶更适合你的肤质。膏状洗面奶的基底成分厚重，触感更加轻柔，能够更好地给肌肤补水。

找到
适合自己的
护肤品
只是
皮肤保健的
第一步。

晚间洗漱时，我们的状态不一定总是那么良好，你或许会感到疲乏困倦。这时我们需要给自己留出一段时间好好放松一下。涂抹洗面奶后，花上几分钟来按摩皮肤。这样不仅能将化妆品清洁干净，也有助于淋巴排毒，还能改善血液循环。最后用温水将洗面奶冲洗干净，拿一块干净的毛巾轻拍面部将水擦干，千万不要用力摩擦！

温和型洗面奶

有些面部清洁产品对皮肤的刺激性较大，有些则更加温和。温和型洗面奶能够避免皮肤出现红斑、脱屑、炎症、痉挛、瘙痒和其他不适症状。

如果洗面奶清洁力过强，去除的油脂过多，就会破坏皮肤屏障，导致皮肤炎症和过敏。游离脂肪酸对皂化剂尤为敏感。配方温和的洗面奶只会清除很少的脂类，甚至完全不会清除脂类，从而保证皮肤屏障功能完好无损。这种差异是由温和型洗面奶与强力清洁产品中不同的分子结构造成的。

清洁油和清洁膏

清洁油和清洁膏中脂类含量较高，能够保护皮肤屏障。其质地介于浓稠乳液和油之间，比较厚重，因此最好在冬季或干燥的环境下使用此类产品，不应全年使用。因为其中的脂类和皮肤屏

障中的脂类完全不同，会在皮肤表面留下一层非天然的脂类，可能影响后续上妆，堵塞毛孔，甚至引发痤疮。

这种产品的卸妆效果非常出色，但是很难完全被清洗掉。

使用护肤品时，请按照产品质地由轻薄到厚重依次涂抹，这样有助于皮肤更好地将其吸收。

清洁面巾

请不要使用清洁面巾！我知道，使用清洁面巾，不需要水也能直接清洁面部，十分方便，因此大受欢迎。但其所含的溶液只能溶解亲油端接触的脏物。所以，如果想要彻底清洁皮肤，在使用清洁面巾后还需要用水再清洗一遍，进行二次清洁。这样一来，这款以省时便捷著称的产品就显得有些鸡肋了。

我一直不建议使用清洁面巾卸妆，这类产品不但对环境不友好，对皮肤也无益处。另外，虽然厂商一直宣称清洁面巾可被生物降解，但是那些面巾所含的化妆品或卸妆水本身对于环境就是一种危害。

洁肤水

洁肤水在市场上很受欢迎！由于使用起来极其方便，近几年来，洁肤水已经成为许多女性的最爱。洁肤水的主要成分为胶体分子团，这是一种温和的清洁成分，能吸附油和水。

但是洁肤水的清洁力不强，有时不能完全清除脸上的脏物和化妆品，迫使我们进行更细致的清洁。另外，洁肤水的含油量较高，可能会刺激皮脂分泌，从而加剧痤疮。

抗菌清洁产品

研究表明，抗菌清洁产品（如抗菌皂）在抑制细菌方面的表现并不比普通清洁产品和水更优异。

抗菌清洁产品的另一个问题在于，它会破坏皮肤表面正常的菌群平衡。越来越多的证据显示，人类皮肤和其上微生物之间的共生关系对于维护皮肤健康和减少皮肤感染极为重要。我经常对女性朋友说：清洁是一种激进的方法，与其彻底清洁皮肤，不如保证皮肤上微生物群的正常生存，将有益细菌和有害细菌的数量维持在一个平衡的状态。

去角质

去角质的目的在于去除聚集在皮肤表面的死细胞，这些死细胞会扰乱皮肤的氧合作用，破坏正常的细胞更新过程。因此很多美容师都会建议定期去角质。

然而，去角质需谨慎。过度地去角质和过于频繁地去角质，反而会对皮肤造成伤害。过犹不及，一定要谨慎为之！

几十年来，去角质的方法一直在变化。如今，去角质的方法有很多，下面介绍其中几种。

机械去角质

这种去角质的方法需要用到机械振动刷。这种刷子在移动过程中会在皮肤上产生一种剪切效果。振动频率可以调节，以达到不同的效果。旋转刷头能够向一个方向持续转动，随后再反向转动。

这种方法的关键在于刷毛本身。最好使用柔软、对皮肤磨损较小的刷毛，使用一段时间后刷毛会出现磨损、松散的现象，也会积聚大量微生物，所以需要定期更换刷头。

这种去角质的方法适用于任何肤质。但建议敏感性皮肤人群、痤疮患者、肤质较薄人群尽量减小去角质的频率和力度。

仅 2010 年就有八百万吨塑料被排放进海洋。加拿大已于 2018 年 7 月正式禁止使用塑料微粒，因为这种物质会被海洋或湖泊中的生物吞食，例如鱼类和浮游生物等。《环境污染与毒理学》期刊发表的一份研究表明，不列颠哥伦比亚省的一条小鲑鱼每天会吞下两到七颗塑料微粒。由此不难看出，这些塑料微粒最终还会回到人类的餐盘之中。另外，塑料微粒在降解过程中还会释放扰乱内分泌的化学物质。

微晶磨皮

传统微晶磨皮通过一个小型便携式仪器，将微晶粒子以极高的速度喷射到皮肤上，这种微晶体通常是氧化铝。微晶磨皮的目的在于通过除去表皮的死细胞来刺激皮肤细胞再生。除了氧化铝，微晶磨皮还会用到微晶刚玉，刚玉是红宝石和蓝宝石中的成分。碳酸氢钠的特质比较温和，也常被加入用于缓解刺激。食盐也具有同样的舒缓效果，但是食盐晶体比传统矿物质晶体更粗大，所

微晶磨皮的
目的在于
通过去除
表皮死细胞
来刺激
皮肤细胞再生。

以往往会产生一种粗磨皮的效果。

微晶磨皮需要用到的磨皮棒包括一个棒子和一个小型磨皮头（形似圆盘）。有些磨皮棒会用金刚石磨皮头代替微晶磨皮头，这种方法能赋予皮肤细腻的光泽。金刚石磨皮头更适合眼周和嘴周娇嫩皮肤的打磨。很多公司都推出了各种尺寸的一次性或可重复使用的磨皮头，方便皮肤护理专业人士掌握去角质的程度。

水涡磨皮法是将水高速喷出，在皮肤上形成圆形水涡，以此带走皮肤上的脏物和死细胞。这种去角质的方法通常和多种精华、护肤品一起使用，以优化皮肤状态。

皮肤整平术也是一种去角质的方法，即医生用手术刀刮去面部表皮的一层汗毛，这种方法能收获立竿见影的效果。男士在刮胡子的同时，也去除了老化皮肤，这和皮肤整平术的原理非常类似。但这项手术也有副作用，那就是新长出来的汗毛可能会比之前的更加粗大浓密。

化学去角质

化学去角质是通过化学成分使细胞软化、松弛并从皮肤上脱落下来。多种酸类物质都可以用于化学去角质。

酸类物质通过其酸性去角质，酸性越强，就越容易打破细胞和皮肤之间的薄弱连接，脱皮的效果也就越好。

生物去角质

生物去角质的成分多为酶类物质，能够消化角蛋白，例如角蛋白酶、木瓜蛋白酶（木瓜中的一种酶）和菠萝蛋白酶（常见于菠萝中）。

酶类产品十分安全可靠，因为它们的反应对象有限，只能消化与它们直接接触的角蛋白。此类去角质成功的关键在于保持酶的活性。以单一酶产品为例，它的成分只包含一种酶和水，这种产品的保质期很短，因为酶会自我消化。

很多酶类产品中都添加了酸类物质，这能使脱皮效果更强。这些产品其实应该被划分为酸类脱皮产品。

通常这些产品的成分配比都是不能泄露的，所以专业的护理人员需要测试多种产品，从而为每位用户选出最合适的产品。

物理去角质

物理去角质主要使用磨砂膏，它含有磨皮成分，能够去除表皮死细胞。这些磨皮成分中，有的是天然成分，如磨碎的种子（坚果、谷物）和矿物质小颗粒（盐），有的是非天然的合成物，如聚合物微粒。将磨砂膏涂抹在皮肤上，再用手摩擦，从而达到去死皮的目的。

激光换肤术

激光换肤术是通过光波刺激皮肤的自然修复过程，增加胶原蛋白的产生。

激光换肤术多种多样，有的能将表皮层全部或部分去除。这种技术被称为激光消融术。这项手术能去除皱纹、痤疮、瘢痕、色斑、老年斑、晒伤和外部可见的多种皮肤缺陷。有的激光换肤术会用光束穿透真皮层，刺激胶原蛋白产生，使皮肤更具弹性。还有一些激光换肤术将以上两种技术结合起来。

为了达到换肤效果，皮肤科通常会用到多种激光，其中主要是剥脱性激光和非剥脱性激光，这两类激光又可分别细分为点阵激光和非点阵激光。非剥脱性激光的治疗恢复时间更短，而剥脱性激光的治疗效果则更为显著。无论你想采用哪种换肤方法，都需要向皮肤科专业医生咨询。

激光换肤术是通过光波刺激皮肤的自然修复过程，增加胶原蛋白的产生。

点阵激光是向一小块皮肤区域发射几千条极小的光束。与一次将整张脸全部治疗的方式相比，点阵激光治疗能极大加快皮肤的恢复速度，通常包括二氧化碳激光和铒激光。

去角质频率

以不超过半年一次的频率，用化学或生物方法进行浅层（低浓度）去角质，是没有任何问题的。需要注意两点：一是应在皮肤科医生的指导下进行去角质，二是不要引起严重的皮肤炎症。

我不建议每天用刺激性较强的酸类产品或磨砂膏去角质。保护皮肤屏障非常重要。过于频繁地去角质可能会破坏皮肤表面微生物群的稳定，微生物群能起到保护皮肤的作用，是皮肤屏障不可分割的一部分。简而言之，过犹不及！

请不要忘记皮肤本身就具备自然脱皮去角质的功能，并不需要外界的帮助和干预。皮肤表皮最外层的细胞会随着时间的推移变得干燥扁平，最后从皮肤上脱落，并被饱满的新细胞替代。所以请让皮肤进行自主调节，人类的干预只是一种小小的助力而已。

请让皮肤进行自主调节，人类的干预只是一种小小的助力而已。

专业人士操作

建议请专业人士帮助你去角质。专业人士会检查你的皮肤状态，并根据检查结果选取最合适的去角质方法，还会根据你的皮肤耐受性设定合适的去角质频率和强度，并适时停止。

黑眼圈种类

唉，黑眼圈……在每个情绪低落的早晨和试图以好状态示人的夜晚，黑眼圈总会悄悄出现。黑眼圈到底是什么呢？它从何而来？怎样才能祛除黑眼圈？美容护理能给我们提供这些问题的答案。

色素型黑眼圈

先天的色素型黑眼圈在东南亚地区很常见。后天的色素型黑眼圈有多种成因，如防晒不当、频繁揉搓眼部等。这种黑眼圈呈茶色或棕黑色，需加强防晒。

衰老难以避免，我们能做到的是养成充分休息和放松的习惯，避免疲劳和压力，由此缓解黑眼圈。

结构型黑眼圈

结构型黑眼圈是伴随着眼袋和泪沟出现的。眼袋是眼睛下方皮肤呈鼓起的状态。这是由皮肤内液体潴留造成的，过度吸烟、饮酒有时会引发眼袋。在长时间照射紫外线后也可能出现此现象。

若想避免眼袋出现，需要少吃盐，因为盐分过量会导致水钠潴留并加深血管颜色。

泪沟是下眼睑靠近鼻侧的一条沟，主要是由眼下软组织萎缩导致的，也有先天的。

你知道吗？
慢性鼻窦炎容易引发黑眼圈。

血管型黑眼圈

由于血液循环不畅和淋巴组织变性，氧气被过度消耗，于是出现缺氧，加上眼周皮肤较薄，便使眼睛下方皮肤呈现青色。

混合型黑眼圈

上述三种黑眼圈任意叠加出现，称为混合型黑眼圈。此时需要先治疗泪沟，后处理眼袋。

眼周皮肤的早衰通常是由紫外线照射引起的。早衰现象通常表现为细纹，细纹也称“脱水纹”。另外，眼周皮肤的肌肉会随着年龄增长而变得无力，负责抬起上眼皮的那块肌肉也不能幸免，所以上眼皮也会随之变得无力。之后，眼周娇嫩的皮肤上就会出现细小的纹路和褶皱。

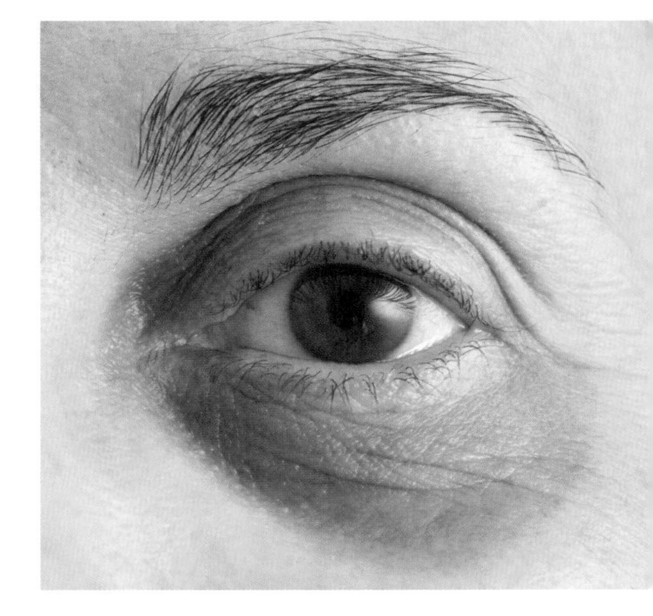

褐色眼圈多与遗传因素相关。

英国整形外科医生迈克尔·普拉格指出，眼球长期紧张会导致眼周出现皱纹，这属于他所说的“电脑面孔”的表现之一。每天长时间待在屏幕前面，前额和眼周确实更容易长出明显的皱纹。

玫瑰痤疮

在加拿大，三百多万人受到玫瑰痤疮的困扰。玫瑰痤疮经常被误认为痤疮（也因此会采取错误的治疗方法），它表现为红色丘疹，皮肤干燥，小血管扩张，持续性红斑，烧灼感和瘙痒。

玫瑰痤疮常见于女性，但男性的症状会比女性的更加严重。如果不加以治疗，玫瑰痤疮可能会转化为肥大性酒渣鼻，表现为鼻部和两颊的皮脂腺肿大、组织增生，造成难看的水肿。

由于症状十分明显，玫瑰痤疮会严重影响个人的生活质量和自尊心，有时甚至会导致抑郁和焦虑。

成因

人们并不了解玫瑰痤疮的确切成因。其实玫瑰痤疮的成因是有迹可循的，只不过这些成因目前还没有被科学证实。有一种说法认为，玫瑰痤疮是自身免疫系统对某些细菌、螨虫（蠕形螨属）或抗菌肽的一种反应。抗菌肽属于肽类，是由氨基酸链组成的分子，能够保护皮肤，对抗感染。

但是，所有人都会接触螨虫和细菌。那又怎么解释只有一部分人会患上玫瑰痤疮呢？这可能是遗传基因决定的。

从数据上来说，有爱尔兰、英格兰、苏格兰或斯堪的纳维亚血统的人和30~60岁的浅色皮肤女性更容易患上玫瑰痤疮。

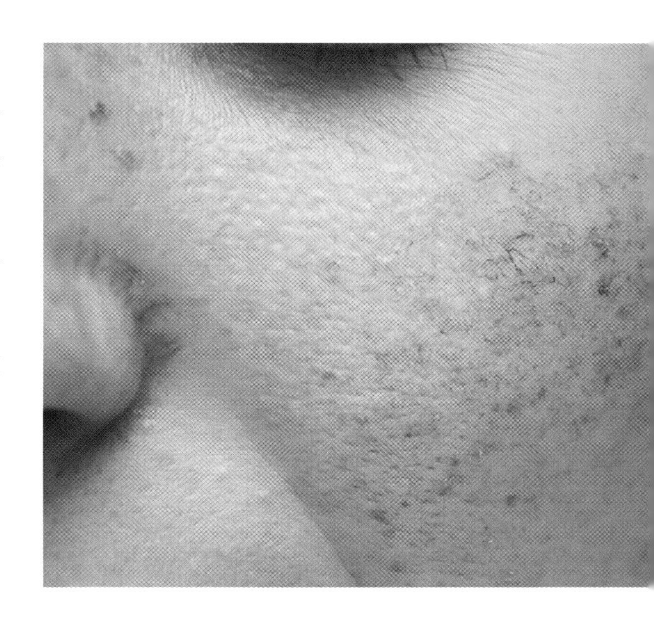

诱因

虽然玫瑰痤疮的成因至今仍不明确，但它的诱因已有了明确的定论。多种食物都会诱发玫瑰痤疮，其中最主要的就是酒精。另外，玫瑰痤疮患者还需要避免奶制品，尤其是纯奶油、酸奶和干酪。其他广为人知的诱发性食物还有巧克力、柑橘、辛辣食物和酱油，甚至连过热的食物都可能会诱发玫瑰痤疮！

一项由1 200名玫瑰痤疮患者参加的研究表明，在减少诱发性食物的摄入后，96%患者的面部发疹程度有所减轻。

请使用遮阳产品，在冬天用围巾或面罩裹住面部。

加重玫瑰痤疮的因素有极端温度、剧烈运动、日光照射、压力、愤怒或忧虑。皮质类固醇（如强的松）或扩张血管的化合物（如治疗高血压的药物）会引起玫瑰痤疮。

外出时，请使用遮阳产品，在冬天用围巾或面罩裹住面部。

种类

红斑毛细血管扩张型

这种玫瑰痤疮的特点是面部中央出现持续性红斑，并伴有烧灼感。有时还会出现水肿和脸部潮红。还会发生毛细血管扩张，即皮肤表面呈现出笔直或弯曲的小血管。

丘疹脓疱型

这种玫瑰痤疮表现为一片穹顶形红色小鼓包（红斑性丘疹）和有“白头”的脓包。它通常出现在面部中央。

眼部型

此类玫瑰痤疮表现为眼周皮肤有烧灼感和刺痒感。病变皮肤对光敏感，患者可能会出现眼中有沙子的感觉，结膜发红，眼皮发炎。

赘疣型

此类玫瑰痤疮表现为皮肤组织变形，产生不规则的皮肤边界，皮肤增厚。此类病症主要出现在鼻子附近，罕见情况下也会出现在下巴和额头部位。

大家需要知道，这几类不同的玫瑰痤疮可能会同时发作。

治疗

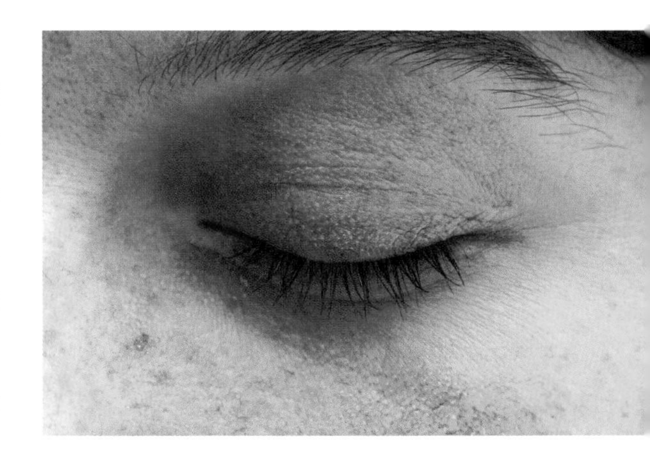

就目前的医学条件来看，并没有能够完全治愈玫瑰痤疮的方法。但在诊断得当的情况下，现代医学已发展出一些有效的抑制方法。通过调整饮食习惯、生活方式和护肤方法，可以有效降低玫瑰痤疮的发作强度和频率。

应根据玫瑰痤疮的类型选择对应的治疗方法。

红斑毛细血管扩张型玫瑰痤疮经常通过甲硝唑、壬二酸或伊维菌素局部用药的方式加以控制。严重病例需口服抗生素，如小剂量的多西环素或异维A酸。

丘疹脓疱型玫瑰痤疮有时也可用局部用药的方式治疗，治疗药物包括甲硝唑、壬二酸、伊维菌素或阿法根。但激光疗法比药物治疗效果更好，如脉冲染料激光或 KTP 激光。

眼部型玫瑰痤疮可通过乙酰磺胺局部用药的方式治疗，但常需同时口服抗生素。

对于赘疣型玫瑰痤疮，应采用更强力的治疗手段，防止毁损性病变产生，避免患者出现严重的抑郁情绪。需口服抗生素或异维 A 酸，严重时还需进行手术或剥脱性激光换肤术。

护肤品成分

我们经常能听到对护肤品效果的夸赞之词，却很少能听到对于产品成分的介绍。这是因为写这些宣传词的人是市场营销人员而并非产品的科研人员。

我们使用的护肤品究竟含有什么成分？其中的所有成分都是无害的吗？有没有副作用？在成分选择上一定要慎重！例如，工业酒精、薄荷醇、胡椒薄荷、桉树叶、柠檬、酸橙和一些合成香料都可能引起皮肤过敏或干燥。在购买新的护肤品前，先看一下它的成分表。防腐剂和香料是最常引起过敏的两种成分。通常来说，成分表越简单，产品配方就越好。

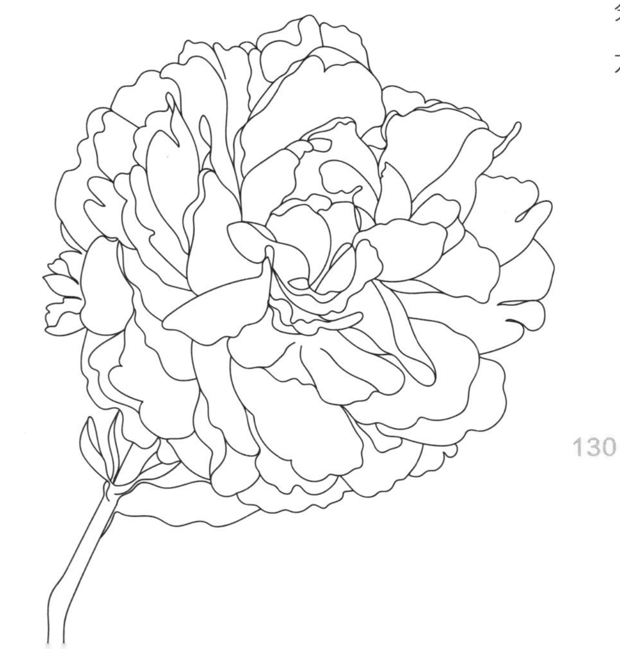

薰衣草作为一种常见的香料广受大众喜爱，但某些人可能会对薰衣草产生过敏反应，出现皮炎。

对薰衣草的过敏反应通常会在接触后几天内表现出来，在频繁或大量使用含有薰衣草的产品之后会更容易出现过敏反应。薰衣草精油经常用于按摩和芳香疗法，所以很多对薰衣草的过敏反应都出现在专业治疗之后。

普遍成分

水杨酸可治疗皮肤缺陷，所以被添加在多种护肤品中（水杨酸也是阿司匹林的活性成分，但有 3%~5% 的人对阿司匹林过敏）。水杨酸过敏后，会出现荨麻疹或发炎。

铝酸盐具有止汗作用，常被添加于止汗剂中。但铝酸盐有引发红斑甚至水肿的风险。还有一种能止汗的成分——氯化镁水溶液，也用作除臭剂，一般不含铝元素。

乙醇酸中的分子很小，能很好地被皮肤吸收，功效十分明显。但正因乙醇酸渗透迅速，刺激性也很强，可能会引起轻微的副作用，通常表现为红斑和干燥现象。敏感性皮肤更适合使用乳酸类产品，乳酸的分子很大，能够慢慢被吸收。

易出现湿疹的敏感性皮肤会对洁面产品和洗发水所含的**去污剂**过敏，从而出现红斑和干燥现象。我建议这类皮肤使用不含硫酸盐的清洁产品，尤其注意

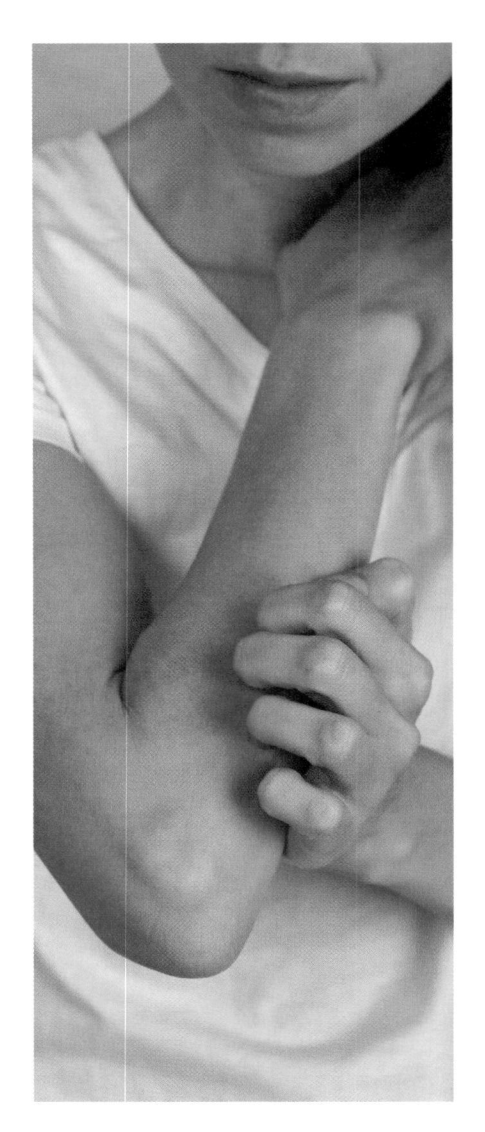

要使用不含十二烷基硫酸钠的洗发水。

视黄醇作为维生素 A 的活性形式，是很多护肤品中的明星成分，在对抗日晒引起的皱纹和损伤方面功效显著。但这种成分有一个缺点：容易造成皮肤干燥和过敏。

几乎所有护肤品都添加了防腐剂。看一下产品成分表，一定能发现这些防腐剂成分，如对羟基苯甲酸酯、咪唑烷基脲、季铵盐 -15、咪唑烷 -2，4- 二酮、苯氧乙醇、甲基异噻唑啉酮、甲醛。

这几种物质均为抗菌剂，能够抑制细菌增长，延长产品的保质期。但某些人群会对防腐剂过敏，进而出现水肿或荨麻疹。

> **几乎所有用于商业的美容护肤品都添加了香精这种成分。甚至标明“无香精”的产品也含有香精成分。在这个词的背后隐藏着许多神秘的成分。**

香精油是一种纯天然的成分，但仍会刺激某些人的皮肤或引发接触性过敏反应，如皮炎。多种洗发水、护发素、身体乳和面霜都添加了香精油。如果你对香精油过敏，请查看它是否在产品成分表中并避免使用含香精油的产品。

BHA和BHT

BHA（丁基羟基茴香醚）和BHT（2,6-二叔丁基对甲酚）常被添加于润肤霜、粉底和其他化妆品中，用来防止产品的活性成分氧化。这两种成分被广泛应用于防腐剂中，加拿大政府认定其在美容工业中的用量在安全范围之内，但BHA仍被质疑会危害激素功能。某些机构将BHA归为疑似致癌物。

煤焦油衍生色素

某些染发剂含有对苯二胺。很多美容产品成分表中都有一些以“CI”开头、后跟五个数字的色素名称。加拿大卫生部将其认定为安全成分，但这并不能改

变它们是致敏原的事实（反复接触这些成分会导致过敏反应）。虽然如今我们使用的对苯二胺不再是从煤焦油中提炼的（而是在工厂制造的），但那些含有天然对苯二胺成分的产品混合其他杂质如重金属后，仍有致癌风险，对大脑有毒害作用。

二乙醇胺衍生物

在加拿大，化妆品中禁止添加二乙醇胺成分。但是，二乙醇胺衍生物——椰油酰胺二乙醇胺和月桂酰胺二乙醇胺被允许添加在霜状和泡沫状产品中，如润肤产品和洗发水。这些衍生物能和其他物质发生反应，从而产生亚硝胺，它是一种典型的致癌物。

警惕成分

N- 二乙醇胺

2,2’- 二羟基二乙胺

2,2’- 亚氨基双乙醇硼酸单酯

2,2’- 亚氨基二乙醇

二乙醇胺

2-(2- 羟乙基氨基)、双 (2- 羟乙基) 胺

三乙醇胺

氮基三乙醇

烷醇胺 244

次氮基 -2,2’,2” 三乙醇

甾酰胺

邻苯二甲酸二丁酯

此成分被添加于护甲产品中用作增塑剂，对生殖系统有害，还可能会扰乱人体激素功能。

释放甲醛的成分

乙内酰脲、重氮烷基脲、咪唑烷基脲、乌洛托品和季铵盐 -15 这些防腐抗菌剂被广泛应用于护肤美容产品中。这些成分会持续缓慢地释放少量甲醛，甲醛是一种致癌物质。

警惕成分

咪唑烷基脲

对羟基苯甲酸酯

这类成分的英文名都以“paraben”结尾，很容易辨识，被广泛应用于防腐剂中，防止产品滋生霉菌、真菌和细菌。对羟基苯甲酸酯可能导致激素功能紊乱，还可能影响男性生殖功能。

警惕成分

对羟基苯甲酸甲酯类：对羟基苯甲酸甲酯、4-羟基苯甲酸甲酯、羟苯甲酯、对羟基苯甲酸甲酯钾

4-甲基钾氧化苯甲酸

对羟甲基苯甲酸、对羟甲基苯甲酸钾

对羟基苯甲酸丙酯类：对羟基苯甲酸丙酯、4-羟基苯甲酸丙酯、羟苯丙酯、对羟基苯甲酸丙酯钠

对羟基苯甲酸丁酯类：对羟基苯甲酸丁酯、4-羟基苯甲酸丁酯、羟苯丁酯、对羟基苯甲酸丁酯钠

香精

就像前文介绍的那样，香精这一成分几乎出现在所有产品的成分表中，这是为什么呢？香精通常被用来遮盖原料的气味，使护肤品散发怡人的香气，吸引顾客购买。香精家族包括多种化合物，可能会引发过敏、哮喘和皮炎。

警惕成分

香精

聚乙二醇

聚乙二醇被添加于护肤品中用作增稠剂、溶剂、软化剂和赋形剂（它不属于活性成分，而是稳定剂）。聚乙二醇化合物通常被用于面霜中作为基底。加拿大、欧盟和美国都没有限制或禁止这种成分的使用。令人担心的是，皮肤吸收过多聚乙二醇后，可能会出现过敏、激惹（眼部、皮肤或肺部）和炎症。

香精通常被用来遮盖原料的气味，使护肤品散发怡人的香气，吸引顾客购买。

警惕成分

1,2- 二羟基丙烷

2- 羟基丙醇

甲基乙二醇

1,2- 丙二醇

丙烷 -1,2- 二醇

聚丙二醇

抑制性丙二醇

矿脂

矿脂常被添加于保湿霜、香膏、口红和某些护发产品中作为保湿屏障，还可以为产品增添光泽。矿脂也可能包含致癌杂质。

硅氧烷

英文名以“siloxane”或“cone”结尾的化妆品成分都有软化和滋润的作用。环四硅氧烷会扰乱内分泌，并对生殖健康有潜在威胁。

十二烷基硫酸钠

硫酸盐家族被用于去除液体表面张力，增加产品的丝滑感。十二烷基硫酸钠，也称月桂醇硫酸钠，经常被添加于起泡产品中，如洗发水、洗面奶和洗浴产品。十二烷基硫酸钠会被 1,4- 二氧六环污染，后者对动物有致癌性。

警惕成分

十二烷基硫酸钠

月桂基聚氧乙烯醚硫酸钠

十二烷基磺酸钠

十二烷醇

1- 月桂醇

氢硫酸钠

正十二烷基硫酸钠

单十二烷基硫酸酯

月桂基硫酸钠

十二烷基醚硫酸钠磺酸

三氯生

这是一种抗微生物和抗菌的防腐剂成分，常被用于牙膏、香皂和手部消毒液中。这种成分被质疑会扰乱激素功

硫酸盐家族
被用于去除
液体表面
张力，
增加产品的
丝滑感。

能，以及产生抗生素耐药性。

警惕成分

5- 氯 -2-(2,4- 二氯苯氧基) 苯酚

六氯酚

2,4,4'- 三氯 -2'- 二羟基联苯酯

5- 氯 -(2,4- 二氯苯氧基) 苯酚

三氯 -2'- 二羟基联苯酯

三氯生 (CH-3565，LexoL300，Irgasan DP300)

氧苯酮

氧苯酮是一种防晒成分，能够吸收和过滤紫外线，但也有一定的致敏性和免疫毒性，会扰乱内分泌。

警惕成分

2- 羟基 -4- 甲氧基二苯甲酮

(2- 羟基 -4- 甲氧基苯并苯基)

(苯基) 甲酮、氧苯酮、二苯甲酮 -3

(BZ-3，Durascreen，Solaquin)

硅

硅能赋予产品丝滑的触感，减小表面张力，用作乳化剂。这一成分被认为会扰乱内分泌。

警惕成分

环四硅氧烷

环五聚二甲基硅氧烷

环己硅氧烷

十甲基环五硅氧烷

酒精

酒精常被用于溶剂和乳化剂中，会使皮肤变干并具有刺激性。

警惕成分

甲醇

乙醇

异丙醇（丙醇 -2）

丁醇（丁醇 -2）

正己醇（己醇 -1）

正庚醇（庚醇 -1）

正辛醇（辛醇 -1）

乙二醇

滑石粉

滑石粉常被用于护肤品中，它能吸收皮脂或油脂，还能充当润滑剂。

滑石粉已被确定为致癌物，它的致癌机制与石棉有关。

警惕成分

滑石粉

水合硅酸镁

铝

铝能堵塞汗腺，阻止汗液到达皮肤表面，以此减小皮肤汗湿的区域，防止细菌滋生。但铝会扰乱雌激素感受器的功能。

警惕成分

氯化铝

氯化羟铝

维生素 C 和黄豆

医学和生物化学学界首先证实了这两种物质的无害性。维生素 C 在药物治疗期间的效果还有待考证（其在化疗中的注射使用也有待讨论）。而黄豆含有染料木素，这是一种具有伪雌激素特性的异黄醇，所以有些人认为黄豆有致乳腺癌的风险。

了解护肤品

警惕市场营销

这是给关注皮肤护理的人群的第一条忠告。事实上，科学和营销就像两条永远不会相交的道路一样，二者之间没有任何联系。但不可否认的是，在护肤品市场这个大舞台上，营销站在了最靠近消费者的前排。因此，我们看到的、听到的所有信息，不过是科学从远处传来的早已面目全非的“回声”而已。所以，请不要轻信商家的宣传，最好自己去研究并搜寻想要了解的答案。问问自己是否真的需要这款产品，它能给你带来什么益处，它已知的副作用有哪些，它的作用机制是怎样的，等等。

活性成分的吸收性

长时间以来，人们都认为角质层不能被护肤品渗透。直到后来人们才发现在某些情况下，活性成分也能穿透角质层，进入更深层的皮肤中。

多种因素决定了角质层能否被护肤品渗透。

- 皮肤温度。
- 产品浓度。
- 皮肤和产品的接触时长。
- 皮肤湿度。
- 产品的封闭性。
- 产品的保湿程度。
- 皮肤整体健康状态。
- 产品的物理及生化特性。

皮肤穿透性

对于活性成分而言，穿透角质层的屏障并非易事。有以下三条路可以选择。

- **细胞间通道：活性成分可以绕过角质细胞，从脂质间通过。亲脂性物质可以选择这条道路，其中包括不挥发的油类、香精油、黄油和某些植物提取物。**
- **细胞内通道：活性成分从角质细胞内通过。水分和亲水性物质会选择这条道路，因为角质细胞内部也是富含水分的环境。**
- **旁路：活性成分会选择毛囊和汗腺这两条路。**

大多数分子会将这三种道路结合使用，以便顺利通过角质层。

某些情况下，一款护肤品的功效表现在其能否停留在皮肤表面，形成一层保护膜，防止皮肤水分流失。

精油和黄油的化学结构决定了它们被皮肤吸收的速度。护肤品的渗透速度

质层进而扩散。

脂类是皮肤的主要组成部分，在皮肤屏障功能中起决定性作用。在皮肤中，脂类分布在两个位置：细胞膜（也称为双层结构）；细胞间物质，即角质层中将细胞维系在一起的浆状或胶状物质。

由于脂类在皮肤屏障功能中起决定性作用，所以皮肤屏障也常被称为脂类屏障。皮肤中约 50% 的细胞膜是由脂类构成的。鉴于脂类在皮肤中含量很

还与脂肪酸分子的大小和重量有关。精油的饱和程度越高，吸收速度就越慢。像琉璃苣油和月见草油这种富含短链多不饱和脂肪酸的精油，很容易被皮肤迅速吸收。荷荷巴的独特性在于，其含有的单不饱和酯（脂肪醇）与皮脂有天然的亲和性。所以荷荷巴油能在短时间内被皮肤完全吸收，并且主要通过旁路被吸收，它先在毛囊处聚集，随后穿过角

高，通过适当的护理对其进行保护就变得至关重要了。

皮肤护理中最有效的脂类是神经酰胺、胆固醇和脂肪酸。这些脂类（在皮肤中）的分布比例大概如下。

- **神经酰胺占 50%。**
- **胆固醇占 25%。**
- **脂肪酸占 25%。**

脂类在细胞间信号传递中也起到了重要作用。精油的黏度也有影响。质地轻薄的精油能轻松通过皮肤屏障；而质地厚重的精油就很难被皮肤吸收，比如膏状精油。这就是为什么顾客在使用从植物中提取的质地厚重的护肤霜时总会抱怨“太油了”。事实上，这些护肤霜的质地还没有最轻薄的精油厚重，只是其中的黄油和固体脂类吸收速度慢，在皮肤上形成了一层脂肪膜。

年龄也是影响吸收的一大因素。年龄增大时，皮肤的生物活性有所降低，吸收活性物质和脂类的速度也会变慢。

你可能听说过“涂抹在皮肤上的护肤品只有 60% 能被吸收”之类的说法吧？这种言论没有任何科学依据。事实上，皮肤对外界分子的吸收比例从 0%~100% 不等！但皮肤对外界物质的第一反应永远是阻挡。

事实上，皮肤对外界分子的吸收比例从 0%~100% 不等！

如何选择面霜

在选择面霜时，我会首先设想一些主要成分，其中包括活性物质、辅佐成分、赋形剂和添加剂。除了成分，还要考虑到各类护肤品之间可能会发生的化学反应。我希望努力保持皮肤的完整性，不想对表皮造成任何损害。我并不是专业的生化学家，所以我在实验室里聘请了专业的化学家，从而保证每批产品的品质和稳定性，并且获得了加拿大卫生部的许可。

创造一款产品从获得皮肤灵感开始：哪些活性物质对哪些类型的皮肤尤为有益？就像诗人创作诗歌那样，我抓住一闪而过的灵光，发明了一份护肤配方。我认为皮肤每天都在发生着细微的变化。发明一份配方有时会花费好几个月的时间，因为在发明期间我会思考好几个问题。

- **这是一款必需品吗？如果是，它是哪类人的必需品，为什么？**
- **这款产品对环境是否有害？**
- **这款产品是否具有包容性？**
- **它的使用形式是什么样的？**

面霜不仅应该具有修复皮肤、治疗湿疹等皮肤病的功能，还应该具有一定的防晒功能，从而改善表皮外观。面霜应具备的功能有很多。

但需要注意的是，不同类型皮肤的补水需求并不相同，并且会随着季节和环境的变化而变化。如果使用了不适合自己的面霜，轻则不会产生任何效果，重则反而会加剧已有的皮肤问题。所以选择正确的产品尤为重要。

根据主要活性成分的不同，面霜可分为三大类：封闭型、润肤型和增湿型。

下面我来简要介绍一下这三种类型，帮助大家更好地选择面霜。大家需要记住一条基本原则：一款面霜的质地越厚重，其中的封闭型和滋润型成分就越多；面霜的质地越轻薄，越趋于水状质地，其中的增湿型成分就越多。

封闭型面霜

封闭型面霜最主要的功能就是在皮肤上形成一层保护膜，将水分锁在皮肤内部，减缓水分蒸发。矿脂（如凡士

面霜种类

封闭型	润肤型	增湿型
可可脂 （可可树）	脂肪醇	氨基酸 （甘氨酸、精氨酸、脯氨酸）
乳油木脂 （油梨果树）	烷醇苯甲酸酯	透明质酸、透明质酸钠
蜂蜡 （白蜂蜡）	神经酰胺	果酸 （乙醇酸、乳酸）
植物蜡	胆固醇	矿物质水
微晶蜡	脂肪酸酯	甘油
双硬脂基硅油	植物油 （葵花子油、玫瑰油、橄榄油、摩洛哥坚果油、椰子油、荷荷巴油、油梨油）	丙二醇、丁二醇、戊二醇
苯乙基二甲聚硅氧烷	角鲨烷和角鲨烯	蜂蜜
凡士林	氢化聚癸烯	水解蛋白 （胶原蛋白）
矿脂	辛脂肪酸甘油三酯	山梨醇
羊毛脂		尿素
石蜡		

林）、硅油和羊毛脂都属于这一类面霜，它们质地厚重，多呈油状。

润肤型面霜

脂肪酸和神经酰胺等润肤剂能软化皮肤，消除炎症。很多封闭型成分也具有润肤的作用。此类面霜质地较厚重，为油状，可流动。

增湿型面霜

甘油和乳酸等增湿剂含有大量水分，能帮助皮肤保湿。这些成分被称为吸湿物质，也就是说，这些成分能将真皮层的水分吸引至表皮层。当环境湿度大于 70% 时，增湿剂还能吸收空气中的水分。这一过程能提升角质层的水合程度。

增湿型面霜质地轻薄，可流动，呈水状。

大家需要注意，大多数面霜都有这三种面霜的作用。你需要根据自身皮肤类型和状态进行合理选择。

癌症皮肤

注意：

此小节仅对不同癌症治疗后皮肤出现的一系列症状进行介绍。对于此类皮肤问题的治疗，还需要咨询专业医生。

每个人的皮肤在接触、吸收化学产品或美容产品后的反应都不尽相同。有些人的皮肤耐受性很高，有些人则低一些。护肤品中造成过敏的最主要成分是香精和防腐剂。这两种成分也是造成皮肤不良反应的主要源头，这些不良反应包括刺痛、瘙痒、红斑和烧灼感。另外，我们在摄入某些药物或缺乏某些营养元素时，皮肤的保护屏障功能可能会变弱。癌症治疗和化疗也会加重机体的解毒负担。

癌症的治疗方案可能大幅改变一个人的皮肤外观。癌症治疗期间出现的改变可能是暂时性的（如化疗后的头发脱落或体重增加，放疗后出现的红斑或水肿），也可能是永久性的（手术后造成的体形或容貌改变）。

外貌对于我们来说至关重要，所以

很多人在选择癌症治疗方案时都会将其对外貌的影响作为一项决定性因素。由于细胞毒性化疗会造成角质细胞的死亡和角化过程的改变，所以化疗患者的皮肤会出现一系列的变化。以下总结了所有可能出现的变化。

外貌对于我们来说至关重要，所以很多人在选择癌症治疗方案时都会将其对外貌的影响作为一项决定性因素。

汗毛

化疗会对处于快速生长状态的毛囊造成伤害，导致头发脱落。有些药物会使头发全部脱落，而有些则不会影响头发的生长。通常情况下，头发会在细胞毒性化疗开始后的两到三周内逐渐或骤然脱落。眉毛和睫毛也可能会脱落。有些人会在眉毛脱落后寻求资深美容师或化妆师的帮助。

指甲

由于药物会沉积于指甲细胞内部或

真皮组织中，所以化疗会造成指甲细胞的变化。

在此期间护理的目的在于提升患者的舒适度，防止感染，避免指甲完全脱落。

神经细胞

虽然神经细胞并不是这本书要讨论的主题，但大家仍要知道神经细胞也会受到细胞毒性化疗的影响。外围神经细胞受损会导致一种神经系统疾病，此病表现为手指、脚趾、手背、脚部刺痒、麻木和疼痛。另外，一些研究人员坚持认为大脑神经受损会导致一种被称为“化疗脑”的现象，这是在细胞毒性化疗之后出现的一种神志不清的状态。

皮肤毒性

细胞毒性化疗使用的某些药物可能会对皮肤和血管造成直接影响，还会积聚在外泌汗腺（尤其是位于手掌和足弓的汗腺）中。这些药物可能导致掌跖角化病，该病表现为手掌和脚掌脱皮，伴有红斑、刺痒和感觉障碍（感觉异常），严重时会出现皮肤皲裂、脱屑、溃疡和水肿。

显然，这种病症会严重影响患者的日常活动和生活质量，因此出于对舒适度的考虑，一定要预防掌跖角化病的发生。此症出现的部位，要避免按压和过高温度，尽量使用冷敷料以减轻烧灼感，还可以涂抹润肤剂或治疗干燥症的其他舒缓类药物，以减轻皮肤干燥和皲裂症状。

化疗后皮肤应避免的成分

如前文所述，健康的皮肤就像是人体的一层可靠的屏障，将各种产品中的有害物质阻挡在人体之外。但如果接受了一次或多次癌症治疗，皮肤屏障就会受损。化疗后皮肤会变得脆弱敏感，不再是健康的状态，因此护肤策略也要做出相应的改变。肿瘤患者在癌症治疗期间和癌症治疗后的恢复期内，皮肤都是十分脆弱的，并不能使用市面上销售的化妆品和护肤品。他们使用的产品不能包含前文所列举的那些有害成分。

如果
接受了
一次或多次
癌症治疗，
皮肤屏障
就会受损。

是真是假

使用名人同款和网红同款产品就一定不会出错吗？不是的，如果一定要使用名人同款，至少选择和你皮肤类型一致的名人。很多名人夸赞某一款产品是因为收了厂商的钱，在为这款产品做广告，而并非真的使用了这款产品。所以他们做出的评价会随着时间的推移和多种因素的影响而改变，并不能作为你的参考依据。

椰子油是一种绝佳的天然保湿品吗？不是的。事实上椰子油是最容易诱发痤疮的油类之一，也就是说它会堵塞毛孔，使皮肤长痘。椰子油的质地十分厚重，将它涂抹在皮肤表面就像给皮肤封上了一层蜡。这造成的结果就是什么都无法进出皮肤，以致皮肤的油脂和汗液排泄都受到了阻碍。皮肤表皮层出现的细菌和死去的细胞逐渐堵塞毛孔，使皮脂堆积过多，最终造成皮疹。

全套护肤品必须选择同一个品牌吗？不是的。你完全可以将不同品牌的产品混合使用，只需了解每款产品的化学特性和不同产品之间是否会产生反应

即可。

护肤品越贵越好吗？不是的。产品的价格取决于营销、包装和广告等一系列成本。只有很小一部分的成本来自成分研究。

如果皮肤很好，就能经常进行化学去角质和微晶磨皮吗？过于频繁地去角质容易造成皮肤发炎。去角质相当于去除皮肤屏障中的第一道防线，如果这道防线和皮肤上的微生物群经常被去除，表皮层将不能再为真皮层提供有效的保护。

使用什么种类的洁面产品并不重要吗？洁面产品存在众多系列，要从中挑选出适合自己的产品并不容易，但这一过程值得我们花费心思。洁面后，面部应没有紧绷感、刺痒感。如果你感觉到不适，请更换洁面产品品牌。

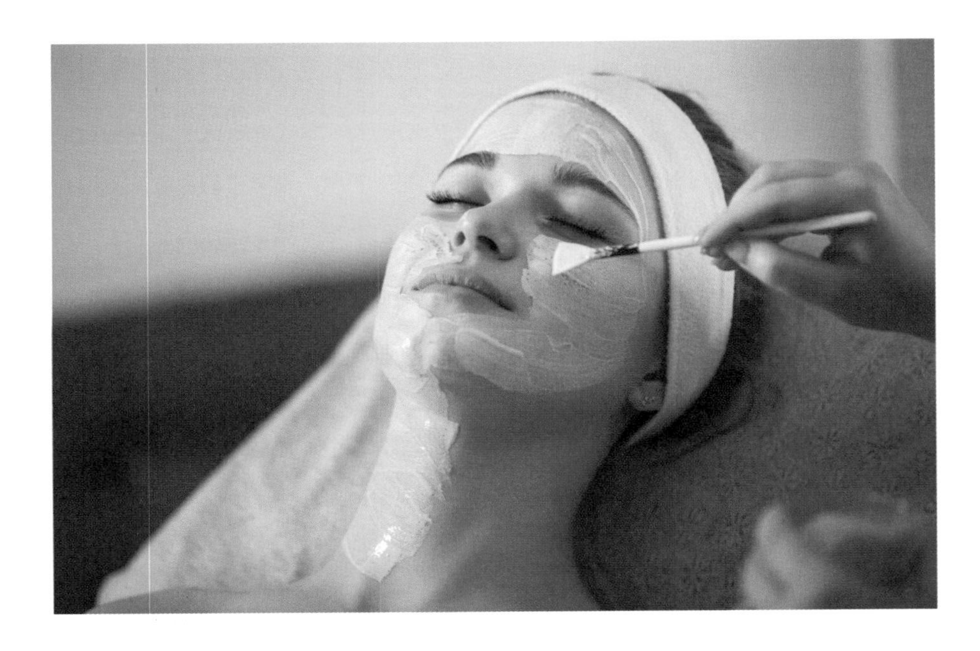

有疼痛感说明产品奏效吗？对药物的认知可能会影响你对这个问题的回答。一般来说，药很苦，说明它有效。但我们不能用这种思维方式去判断护肤品的好坏。一款好的护肤产品应该能调节肌肤的水油平衡，并且不会产生烧灼感。护肤产品的选择应依据自己的皮肤类型来定。

我的保湿霜是“万金油”，任何气候都适用，对吗？这是不可能的。你需要在不同环境下使用不同的保湿霜，以此调节皮肤的水合程度和保湿程度。

油还是水？适合使用油状护肤品的皮肤应当光滑，无脱皮或肉眼可见的红斑。而适合使用水状护肤品的皮肤则应柔软、有弹性。皮肤不能呈现紧绷状态，也不能在轻微拉扯下出现皱纹。

结语

读完这本书能收获什么？或许就是“护肤没有既定方法”这一观念吧。每个人都是独一无二的个体，每个人的情况都不尽相同。但对于任何肤质而言，护肤的基本原则都是不变的，这也是我在书中力图向大家传达的观念。

我一直致力于推动女性独立自主和普及皮肤健康知识，以此让人们了解皮肤之美。社会大众对美的定义在于没有瑕疵：面部光滑，没有斑点和伤疤，没有痤疮、皱纹，牙齿洁白整齐，皮肤无蜂窝组织，头发不暗沉，髋部和腹部匀称，等等。其实这并不现实，这些标准是以时尚界、电影界和传媒界等娱乐业为范本设定的，当然，还包括美容界。

如果说哪个领域的研究我从未涉及，那一定就是抗衰老了。我从不相信所谓的抗衰老产品。所有人都会变老，这是个不可回避的事实。无论商家吹得多么天花乱坠，任何护肤品都无法改变这一事实。而我们能做的，则是转换观念，改变标准，用不同的眼光去看待衰老。衰老是一种特权。你若不赞同这种说法，不妨想想那些还未等到衰老就去世的癌症患者……

我希望这本书能够帮助女性和男性从抗衰老这条永远不会通向成功的道路上解脱出来。美在别处，无关年龄。

我从未改变自己对于美容和护肤的非传统看法，皮肤的首要任务是保护我们。而我们自身需要做的则是反过来也去保护皮肤。

我已经和皮肤打了二十多年交道。但我和皮肤之间的交流从未穷尽，因为皮肤在持续不断地告诉我身体内部发生了什么。通过这本书，我邀请你们也加入这种人与皮肤的交流之中，希望能帮助大家培养一种更加健康良好的生活习惯，从而使我们的身心更加愉悦。

致谢

看到多年心血得以成书，我的激动之情溢于言表。我撰写此书的最终目的在于普及“美”的概念，美是包容的。我从未想到将自己的想法付诸书面语言是一项如此艰巨的任务，尽管如此，我仍觉得此项工作十分必要。加拿大魁北克省是抚育我的故乡，没有魁北克省和你们这些亲爱的读者，这本书不可能成功面世。所以请允许我向你们致以诚挚的谢意！

特别感谢丹妮丝·罗伯特，你从最初就相信我能完成此书。感谢阿尼克·勒迈，你放心将自己的皮肤护理交付于我，并用诗般的语言为此书作序。

感谢贾兹·特金给予我的帮助和耐心。感谢玛丽斯·布罗执教美容学多年后仍保持着心中的激情。感谢西蒙·维希欧给予我的建议，感谢我最棒的导师拉德雷·丹妮尔·布拉萨尔。

感谢我的丈夫查理，你从 2003 年起就一直鼓励我实现自己的抱负，支持我在各地游历学习，鼓励我勇于尝试。

感谢我的父母，你们从一开始就是我最忠实的支持者。

感谢奥普拉·温弗瑞女士，你改变了我的人生，是我无尽的灵感源泉。感谢米歇尔·奥巴马女士，是你鼓励我将自己的才能与大众分享。

感谢埃里克·维尼奥特及其夫人苏珊娜·迪亚兹，以及所有加入我们的讨论小组的女士。

感谢索菲·圣-玛丽给予我们极大的帮助，推动此书最终出版。

最后感谢我的编辑米莱娜、乔安·盖伊和整个出版团队，没有你们，就没有这本书。

参考文献

了解皮肤

Berardesca, E., J.-L. Léveque et H.I. Maibach, *Ethnic skin and hair*, New York, Informa, 2007:9, cités dans Ackerman, A. Bernard, Elyse Goldblum et Jasmine Yun, « "Skin of color": Racism in medicine for profit », *Dermopathology – Practical and Conceptual*, 2010, 16(3).

Chappard, D. et coll., « Relationships between bone and skin atrophies during aging », *Acta Anatomica (Basel)*, 1991, 141(3) : 239-244.

Davis, Erica C. et Valerie D. Callender, « A review of acne in ethnic skin. Pathogenesis, clinical manifestations, and management strategies », *The Journal of Clinical and Aesthetic Dermatology*, 2010, 3(4) : 24-38.

Falcone D. et coll., « Sensitive skin and the influence of female hormone fluctuations: results from a cross-sectional digital survey in the Dutch population », *European Journal of Dermatology*, 2017, 27(1) : 42-48.

Hermanns-Lê, Trinh et coll., « Cyclic catamenial dermatoses », *BioMed Research International*, 2013, article ID 156459, 5 pages : https://www.hindawi.com/journals/bmri/2013/156459/. Consulté le 20 novembre 2019.

Kyrgidis, Athanassios et coll., « The facial skeleton in patients with osteoporosis: A field for disease signs and treatment complications », *Journal of Osteoporosis*, 2011, article ID 147689, 11 pages : https://doi.org/10.4061/2011/147689. Consulté le 20 novembre 2019.

Programme d'études – Esthétique (DEP 5339), secteur de formation : Soins esthétiques (2016), gouvernement du

Québec, ministère de l'Éducation et de l'Enseignement supérieur, 135 pages.

Raghunath R.S. et coll., « The menstrual cycle and the skin », *Clinical and Experimental Dermatology*, 2015, 40(2) : 111-115 : https://onlinelibrary.wiley.com/doi/full/10.1111/ced.12588. Consulté le 20 novembre 2019.

Salmi T.T. et coll., « Prevalence and incidence of dermatitis herpetiformis: A 40-year prospective study from Finland », *British Journal of Dermatology*, 2011, 165(2) : 354-359.

Shaw, Robert B. Jr. et coll., « Facial bone density: Effects of aging and impact on facial rejuvenation », *Aesthetic Surgery Journal*, 2012, 32(8) : 937-942.

Wesley, Naissan, « Skin of color: Ethnic differences in skin architecture », *MD Edge/Dermatology*, 25 avril 2012 : https://www.mdedge.com/dermatology/article/52573/pigmentation-disorders/skin-color-ethnic-differences-skin-architecture/page/0/1. Consulté le 20 novembre 2019.

生活方式与皮肤

Australian Government, Department of Health/Therapeutic Goods Administration, *Literature Review on the Safety of Titanium Dioxide and Zinc Oxide Nanoparticles in Sunscreens – Scientific Review Report*, version 1.1, août 2016, 24 pages.

Chen, Ying et John Lyga, « Brain-skin connection: Stress, inflammation and skin aging », *Inflammation and Allergy Drug Targets*, 2014, 13(3) : 177-190.

Comité consultatif des statistiques canadiennes sur le cancer, *Statistiques canadiennes sur le cancer 2019*, Société canadienne du cancer, Toronto (ON), septembre 2019 : http://www.cancer.ca/Statistiques-cancer-Canada-2019-FR. Consulté le 19 novembre 2019.

Costa, Giovanni, « Shift work and health: Current problems and preventive actions », *Safety and Health at Work*, 2010, 1(2) : 112-123.

Downs, Craig A., directeur exécutif du Haereticus Environmental Laboratory, cité dans Wood, Elizabeth, Government Office of Sweden, Ministry of the Environment and Energy et ICRI (International Coral Reef Initiative), *Impacts of Sunscreens on Coral Reefs*, 2018, 21 pages.

Emmons, Robert A. et Michael E. McCullough, « Counting blessings versus burdens: An experimental investigation of gratitude and subjective well-being in daily life », *Journal of Personality and Social Psychology*, 2003, 84 (2) : 377-389 ; article cité dans « In praise of gratitude », *Harvard Mental Health Letter*, Harvard Health Publishing, mise à jour le 5 juin 2019 : https://www.health.harvard.edu/healthbeat/giving-thanks-can-make-you-happier

Goldstein, Michael R. et coll., « Increased high-frequency NREM EEG power associated with mindfulness-based interventions for chronic insomnia: Preliminary findings from spectral analysis », *Journal of Psychosomatic Research*, 2019, 120 : 12-19.

Harvard Medical Publishing, Harvard Women's Health Watch, « Recognizing the mind-skin connection », novembre 2006 : https://www.health.harvard.edu/newsletter_article/Recognizing_the_mind-skin_connection ; *Stress Management: Techniques for Preventing and Easing Stress*, Herbert Benson, rédacteur médical, Harvard Health Publishing, 2006.

Organisation mondiale de la santé, *Ambient Air Pollution : A Global Assessment of Exposure and Burden of Disease*, 2016, WHO, Department of Public Health, Environmental and Social Determinants of Health, Genève (Suisse), 132 pages.

Roy Chowdhury, Madhuleena, « The neuroscience of gratitude and how it affects anxiety & grief », PositivePsychology.com, 9 avril 2019 : https://positivepsychology.com/neuroscience-of-gratitude/

Schalka, Sergio et Vitor Manoel Silva dos Reis, « Sun protection factor : meaning and controversies », *Anais Brasileiros de Dermatologia* (2011), 86(3) : 507-515.

Taren, Adrienne A. et coll., « Dispositional mindfulness co-varies with smaller amygdala and caudate volumes in community adults », *PLoS ONE*, 2013, 8(5) : e64574.

Wilson, B.D., S. Moon et F. Armstrong, « Comprehensive Review of Ultraviolet Radiation and the Current Status on Sunscreens », *The Journal of Clinical and Aesthetic Dermatology* (2012), 5(9) : 18-23.

Wright, Lakiea S. et Wanda Phipatanakul, « Environmental remediation in the treatment of allergy and asthma: Latest updates », *Current Allergy and Asthma Reports*, 2014, 14(3) : 419.

饮食与皮肤

Calder, P.C., « Omega-3 fatty acids and inflammatory processes: from molecules to man », *Biochemical Society Transactions*, 2017, 45(5) :1105-1115.

Feskanich, D., W.C. Willett et G.A. Colditz, « Calcium, vitamin D, milk consumption, and hip fractures: a prospective study among postmenopausal women », *The American Journal of Clinical Nutrition*, 2003, 77(2) : 504-511.

Pontes, Thaís de Carvalho et coll., « Incidence of *acne vulgaris* in young adult users of protein-calorie supplements in the city of João Pessoa – PB », *Anais Brasileiros de Dermatologia*, 2013, 88(6) : 907-912.

Spencer, E.H., H.R. Ferdowsian et N.D. Barnard, « Diet and acne: a review of the evidence », *International Journal of Dermatology*, 2009, 48(4) : 339-347.

Wolverton, S.E., *Comprehensive Dermatologic Drug Therapy, Third Edition*, Saunders Elsevier, 2012, 1024 pages.

护理皮肤

Campaign for Safe Cosmetics et Environmental Defence Canada, *Not So Sexy : The health risks of secret chemicals in fragrance*, édition canadienne, mai 2010 : https://environmentaldefence.ca/report/report-not-so-sexy-the-health-risks-of-secret-chemicals-in-fragrance-canadian-edition/. Consulté le 20 novembre 2019.

Desforges, J.-P. W., M. Galbraith et P.S. Ross, « Ingestion of microplastics by zooplankton in the Northeast Pacific Ocean », *Archives of Environmental Contamination and Toxicology*, 2015, 69(3) : 320-330.

Eccles, L., « Screens put years on you: "Computer face" is giving women jowls and lines », *The Daily Mail*, 24 septembre 2010 : https://www.dailymail.co.uk/sciencetech/article-1315024/Screens-years-Computer-face-giving-women-jowls-lines.html. Consulté le 19 novembre 2019.

Gallo, Richard L. et coll., « Standard classification and pathophysiology of rosacea: The 2017 update by the National Rosacea Society Expert Committee », *Journal of the American Academy of Dermatology*, 2018, 78(1) : 148-155.

Gouvernement du Canada, *Liste critique des ingrédients des cosmétiques : ingrédients interdits et d'usage restreint* : https://www.canada.ca/fr/sante-canada/services/securite-produits-consommation/cosmetiques/liste-critique-ingredients-cosmetiques-ingredients-interdits-usage-restreint.html. Consulté le 20 novembre 2019.

Preissig, J., K. Hamilton et R. Markus, « Current laser resurfacing technologies: A review that delves beneath the surface », *Seminars in Plastic Surgery*, 2012, 6(3) : 109-116 : https://www.ncbi.nlm.nih.gov/pmc/articles/PMC3580982/. Consulté le 20 novembre 2019.

Rangel, Gabriel W., « Say goodbye to antibacterial soaps: Why the FDA is banning a household item », Harvard University SITN, 9 janvier 2017 : http://sitn.hms.harvard.edu/flash/2017/say-goodbye-antibacterial-soaps-fda-banning-household-item/. Consulté le 19 novembre 2019.

Sears, Margaret A. et coll., « Arsenic, cadmium, lead, and mercury in sweat : a systemic review », Journal of Environmental and Public Health, 2012, 2012:184745 : https://www.ncbi.nlm.nih.gov/pmc/articles/PMC3312275/. Consulté le 20 novembre 2019.

Sköld, M. et coll., « Autoxidation of linalyl acetate, the main component of lavender oil, creates potent contact allergens », *Contact Dermatitis*, 2008, 58(1) : 9-14.

Steinemann, Anne, « National prevalence and effects of multiple chemical sensitivities », *Journal of Occupational and Environmental Medicine*, 2018, 60(3) : 152-156 : https://journals.lww.com/joem/fulltext/2018/03000/National_Prevalence_and_Effects_of_Multiple.17.aspx. Consulté le 20 novembre 2019.

« Survey shows lifestyle changes help control rosacea flare-ups », *Rosacea Review. Newsletter of the National Rosacea Society*, hiver 1998 ; https://www.rosacea.org/rosacea-review/1998/winter/survey-shows-lifestyle-changes-help-control-rosacea-flare-ups. Consulté le 19 novembre 2019.

U.S. Food and Drug Administration, « Antibacterial soap? You can skip it, use plain soap and water », *Consumer Update*, 16 mai 2019 : https://www.fda.gov/consumers/consumer-updates/antibacterial-soap-you-can-skip-it-use-plain-soap-and-water. Consulté le 19 novembre 2019.

Wilkin, Jonathan et coll., « Standard classification of rosacea: Report of the National Rosacea Society Expert Committee on the classification and staging of rosacea », *Journal of the American Academy of Dermatology*, 2002, 46(4) : 584-587.

Yamasaki, Kenshi et Richard L. Gallo, « Rosacea as a disease of cathelicidins and skin innate immunity », *Journal of Investigative Dermatology Symposium Proceedings*, 2011, 15(1) : 12-15.